含贵金属的水合团簇结构
与振动频率的理论研究

宋秀丹 著

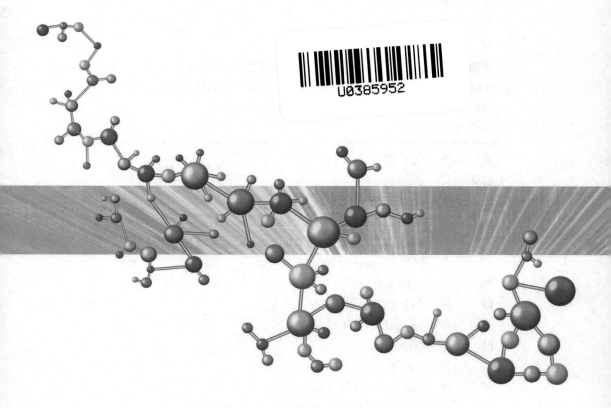

黑龙江科学技术出版社
HEILONGJIANG SCIENCE AND TECHNOLOGY PRESS

图书在版编目（ＣＩＰ）数据

含贵金属的水合团簇结构与振动频率的理论研究 /
宋秀丹著.－－ 哈尔滨：黑龙江科学技术出版社,2021.6
ISBN 978－7－5719－0950－5

Ⅰ.①含… Ⅱ.①宋… Ⅲ.①原子物理学－团簇－研
究②分子物理学－团簇－研究 Ⅳ.①O56

中国版本图书馆 CIP 数据核字(2021)第 105319 号

含贵金属的水合团簇结构与振动频率的理论研究
HAN GUIJINSHU DE SHUIHE TUANCU JIEGOU YU
ZHENDONG PINLÜ DE LILUN YANJIU
宋秀丹　著

责任编辑　王　姝
封面设计　崔祎航
出　　版　黑龙江科学技术出版社
　　　　　地址：哈尔滨市南岗区公安街 70-2 号　邮编：150007
　　　　　电话：（0451）53642106　传真：（0451）53642143
　　　　　网址：www.lkcbs.cn
发　　行　全国新华书店
印　　刷　哈尔滨午阳印刷有限公司
开　　本　787 mm×1092 mm　　1/16
印　　张　10.5
字　　数　200 千字
版　　次　2021 年 6 月第 1 版
印　　次　2021 年 6 月第 1 次印刷
书　　号　ISBN 978-7-5719-0950-5
定　　价　49.80 元

前　言

　　本书是作者对近几年研究工作的一个总结和概括，全书内容共分 5 章，第 1 章是绪论，主要介绍团簇的基本概念和分类，阐述了本书的研究背景，以及我们所研究的团簇问题的国内外研究现状、研究内容及理论研究所使用的方法；第 2 章主要以 $M^+(H_2O)$（$M = Cu, Ag, Au$）体系作为研究对象，对 $M^+(H_2O)$（$M = Cu, Ag, Au$）体系的结构和结合能进行了研究，在此基础上，对含惰性气体原子的水合贵金属离子团簇 $M^+(H_2O)Rg$（$M = Cu, Ag, Au; Rg = Ne, Ar, Kr.$）进行了系统的研究；第 3 章主要对 $Cu^+(H_2O)Ar_2$，$Au^+(H_2O)Ar_2$ 及 $M^+(H_2O)_{2,3}Ar$（$M = Cu, Ag, Au$）的几何结构和结合能进行了计算和分析，这些团簇能够通过单光子解离 Ar 原子的通道从而获得团簇的红外光谱；第 4 章主要对 $M^{\delta}(H_2O)_{1,2}$（$M = Cu, Ag, Au$；$\delta = 0, -1$）的稳定性和氢键问题进行了研究；第 5 章主要对 $Cu^{2+}(H_2O)Ar_{1\sim4}$ 的所有可能的异构体结构和结合能进行了分析，并详细研究了 Ar 原子对团簇红外光谱的影响。

　　在本书的编写过程中，作者参阅了大量该领域的研究文献，希望可以从中吸取养分，让本书的内容更准确、更翔实、更充分。黑龙江科学技术出版社的编辑对本书的出版给予了必要的帮助，在此向他们表示由衷的谢意。感谢国家自然科学基金委，黑龙江省自然科学基金项目和黑龙江大学学科建设经费的资助。

　　由于作者水平有限，书中内容难免有疏漏和不当之处，敬请阅读本书的读者批评指正。

目　录

第1章

绪论

1.1 团簇的基本概况

1.1.1 团簇的定义

原子或分子团簇（简称团簇或微团簇）是由几个到几百个（甚至几千个）原子、分子或离子通过物理或化学结合力组成的相对稳定的微观或亚微观凝聚体，团簇的物理和化学性质随着团簇中所含的原子数目而变化[1,2]。团簇的物理和化学性质既不同于单个原子或分子，也不同于凝聚态的液体及固体，因此团簇常被人们称为介于气态和凝聚态之间的一种特殊状态——"第五态"[3]。除了形成中性团簇外，还可形成带正、负电荷的团簇离子。到目前为止，周期表中任何元素都可以形成团簇和团簇离子。团簇作为凝聚态物质的初始形态，在各种不同物质由原子、分子向大块材料转变的过程中起着至关重要的作用，它是一个跨原子分子物理、固体物理、表面物理、量子化学等多个学科的新型交叉学科，对发展催化反应动力学、材料科学、环境科学以及表面科学等都具有重要作用[4,5]。

1.1.2 团簇的分类

团簇的分类有几种不同的方法[6]。根据团簇中原子键合的类型和强度的不同，团簇可分为共价键团簇、分子团簇、离子键团簇、金属键团簇、氢键团簇、范德瓦耳斯团簇等。

按照团簇结构和性质随着它本身尺寸变化趋势的不同，团簇大致分为小尺寸团簇（$2 \leqslant N \leqslant 20$）、中等尺寸团簇（$20 < N \leqslant 500$）和大尺寸团簇（$500 < N \leqslant 10^7$），其尺寸范围为 0.1 nm$<R<$100 nm（$R$ 为团簇半径）。如表 1-1 小尺寸团簇的结构、能量等性质随着团簇本身尺寸的改变而发生显著的变化；对于中等尺寸团簇，虽然团簇的性质随着尺寸改变而变化的速度较慢，但团簇的尺寸效应仍比较明显；而大尺寸团簇虽然尺寸效应仍然存在，但是已经不太明显，并基本上具备了体材料的一些性质和特点。

表 1-1 金属原子各种尺寸聚集体的特征

聚集体分类	分子	微团簇	超微粒	微晶
原子数目	$\leqslant 10$	$10^2 \sim 10^3$	$10^3 \sim 10^5$	$\geqslant 10^5$
半径尺寸/nm	>0.1	~1	~10	>10
N_v/N_s^*	0	0.1~1.0	1~10	>10
原子排布	原子结合和能量由价电子决定	体内部和表面原子排布均与块体不同，且随尺寸变化而改变	体内部原子排布与块体类似，但其性质具有尺寸效应	具有大块固体的原子组构，但表面受极化效应影响
电子性质	价键结合，具有分立的电子能谱	价电子呈壳层结构，具有幻数特征	量子尺寸效应和宏观量子隧道效应	表面等离子元激发，非定域性
理论描述	遵从量子力学规律、分子轨道理论	分子轨道理论加关联效应，凝胶模型	固态理论及与尺寸相关的效应修正	能带理论，介观理论

*N_v 为聚集体内部原子数，N_s 为聚集体表面原子数。

根据团簇中元素的组分不同，可分为单质团簇和混合/掺杂团簇。混合/掺杂团簇是由若干个两种或两种以上的原子、分子或离子以物理或化学结合力组成的相对稳定的聚集体。混合/掺杂团簇中杂质原子的掺入能够明显地改变团簇的性质，包括改变体系的电离势，改变体系的能级结构和顺序，改变体系的局域电子的分布，极大地提高特定尺寸团簇的稳定性，诱发体系一些能级的杂化，导致体系几何结构的重排，增强或抑制体系的反应活性等。混合/掺杂团簇的研究在催化科学中具有极广泛的应用潜力[7]，但目前许多体系只有零星的报道，甚至对某些体系的研究仍是空白。另外，团簇从形态上还可分为气相中独立存在的自由团簇、沉积于载体表面的支撑团簇和镶嵌于其他材料内部的嵌埋团簇三种类型，其中自由团簇是研究其他两种团簇的基础。

1.1.3 团簇研究的意义

团簇广泛存在于自然界和人类实践活动中，涉及许多物质运动过程和现象，如催化、燃烧、晶体生长、成核和凝固、临界现象、相变、溶胶、照相、薄膜形成和溅射等，是物理学和化学两大学科的一个交汇点，成为材料科学新的生长点。不仅如此，团簇的一些特殊性质，如团簇的电子壳层和能带结构并存，气相、液相和固相并存和转化，幻数稳定性和几何非周期性，量子尺寸效应和同位素效应等，与许多基础科学和应用学科相关，甚至与环境和大气科学、天体物理和生命科学相联系。例如，团簇作为介于固态和气态之间的一种过渡状态，对其形成、结合和运动规律的研究，不仅为发展和完善原子间结合的理论、各种大分子和固体形成规律提供了合适的研究对象，也是对宇宙分子和尘埃、大气烟雾和溶胶、云层形成和发展等在实验室条件下的一种模拟，可能为天体演化、大气污染控制和人工调节气候的研究提供线索。

团簇理论研究将促进理论物理、计算数学和量子化学的发展。团簇是有限粒子构成的集合，其所含的粒子数可多可少，这就为量子和经典理论研究多体问题提供了合适的体系。由于团簇在空间上都是有限尺度的，通过对其几何结构的选择，可提供零维至三维的模型系统。实验中对碱金属及其化合物团簇测得轨道量子数大于 6 的电子壳层结构，为量子理论在研究趋向经典极限时的特征提供了原子和原子核系统所无法提供的条件系统。

团簇的微观结构特点和奇异的物理化学性质为制造和发展特殊性能的新材料开辟了另一条途径。例如，团簇红外吸收系数、电导特性和磁化率的异常变化，某些团簇超导临界温度的提高，可用于研制新的敏感元件、贮氢材料、磁性元件和磁性液体、高密度磁记录介质、微波及光吸收材料、超低温和超导材料、铁流体和高级合金等。

在能源研究方面，可用于制造高效燃烧催化剂和烧结剂。通过超声喷注方法研究团簇形成过程，可为未来聚变反应堆等离子注入提供借鉴。

用纳米尺寸的团簇（又称纳米团簇，nanocluster）原位压制成纳米结构材料，具有很大的界面成分（界面浓度可高达 10^{19}）以及高扩散系数和韧性（超塑性），展示了优异的热学、力学和磁学特性，并可形成新的合金。半导体纳米材料则因其在薄膜晶体管、气体传感器、光电器件及其他应用领域的重要性而日益受到重视。

离化团簇束（ICB）淀积技术是近年发展起来的新型制膜技术，不仅能生长通常方法难以复合的薄膜材料，而且还能在比分子束外延法低得多的温度下进行。目前已用来制备高性能金属、半导体、氧化物、氮化物、硫化物和有机薄膜等。

团簇具有极大的表面-体积比，催化活性好。金属复合原子簇和化合物原子簇在催化科学中占有重要地位。例如，Pt-Ir 复合团簇已应用于石油加工工业，有效制取高辛烷数的汽油，代替过去使用的四乙基铅生产无铅汽油，有助于提高内燃机的功率输出和减少大气污染。

在微电子学和光电子学方面，新一代微电子器件发展有赖于团簇性质和应用研究，从微米和亚微米尺度向纳米范围深入。团簇点阵构成的微电子存贮器正在设计之中，团簇构成的"超原子"具有很好的时间特性，是未来"量子计算机"较理想的功能单元。

可以预见，随着团簇研究的深入发展、新现象和新规律的不断揭示，团簇必然有更加广阔的应用前景。

1.2 弱相互作用

弱相互作用决定着许多重要的物理、化学和生物现象，渗透到许多学科。比如在分子识别、分子设计、离子载体的选择、晶体工程、材料科学、化学反应、分子簇的形成、生物结构、生物反应过程、药物合成和设计、生命科学等诸多方面起了重要的作用。弱相互作用引起人们的广泛关注，成为目前科学研究的热点之一。

弱相互作用的种类很多，其中比较典型和常见的有氢键作用、范德瓦耳斯力作用等。极性分子的电荷分布不均匀，正负电荷中心不重合，一端带正电，一端带负电，形成偶极矩。而非极性分子，正负电荷中心是重合的，只有在外电场的相互作用下，非极性分子的电子云与原子核才发生相对位移，从而使正负电荷中心不相重合，这种由于外来影响而产生的偶极矩称为诱导偶极矩。北京大学的段连运、周公度给出了荷电基团、偶极子及诱导偶极子之间相互作用力的类型，以及它们之间的相互作用能和距离之间的函数关系（如表 1-2 所示）。

表 1-2　一些分子的作用能与距离的关系

作用力类型	能量和距离的关系
荷电基团静电作用	$1/R$
离子 – 偶极子	$1/R^2$
离子 – 诱导偶极子	$1/R^4$
偶极子 – 偶极子	$1/R^6$
偶极子 – 诱导偶极子	$1/R^6$
诱导偶极子 – 诱导偶极子	$1/R^6$
非键推斥力	$1/R^9 - 1/R^{12}$

显然，两个荷电基团之间是静电相互作用，相对比较大，其相互作用能与两基团间的距离的一次方成反比。而当带电离子接近极性分子和非极性分子时，离子分别与极性分子的固有偶极子和非极性分子的诱导偶极子相互作用，前者的相互作用能相对比较大，与两基团间的距离的平方成反比，而后者却比较小，与两基团间的距离的四次方成反比。

不带电荷的分子之间的相互作用可分为三种情况，即表 1-2 中的偶极子 – 偶极子、偶极子 – 诱导偶极子、诱导偶极子 – 诱导偶极子之间的相互作用，它们分别对应着静电力、诱导力、色散力，是范德瓦耳斯力的重要组成部分，相互作用能都与两基团间的距离的六次方成反比。早在 1930 年，London 就把范德瓦耳斯力包括静电力、诱导力和色散力，各部分具体如下。

（1）静电力

当两个极性分子相互接近时，它们的偶极同极相斥，异极相吸，二分子必将发生相对转动，一个偶极分子的正极吸引另一个偶极分子的负极，分子按一定方向排列，这称为"取向"，极性分子之间的这种相互作用力又称为"取向力"。

（2）诱导力

当极性分子与非极性分子相遇时，极性分子的固有偶极子产生的电场作用力使非极性分子电子云变形，且诱导形成偶极子。极性分子的固有偶极子与诱导偶极子进一步相互作用，使体系更加稳定。这种诱导偶极与固有偶极之间的作用力称作诱导力。这种作用力同样存在于极性分子间，使固有偶极矩加大。

（3）色散力

非极性分子之间也存在相互作用力。由于分子中电子和原子核不停地运动，非极性分子的电子云的分布呈现涨落的状态，从而使它与原子核之间出现瞬时相对位移，产生了瞬时偶极，分子也因而发生变形。分子中电子数越多、原子数越多、原子半径越大，分子越易变形。瞬时偶极可使其相邻的另一非极性分子产生瞬时诱导偶极，且两个瞬时偶极总处于异极相邻的状态，这种随时产生的分子瞬时偶极间的作用力即为色散力（因其作用能表达式与光的色散公式相似而得名）。虽然瞬时偶极短暂存在，但是，异极相邻的状态却此起彼伏，不断重复，因此分子间始终存在着色散力。显然，色散力不仅存在于非极性分子间，也存在于极性分子间以及极性与非极性分子间。

1.3 研究背景

水是地球上数量最多的分子型化合物，动植物包括人类的生存成长都依赖水，同时水也是化学工业生产中最常用的极性试剂和溶剂，许多生化反应都是在水环境下进行的。阳离子[8-12]、阴离子[13-17]和中性分子[18-20]在水中的水合作用在配位化学、电化学和生物分子学等领域有着特别重要的作用，水合作用的研究已成为当今分子领域的重要课题之一，特别是金属阳离子水合作用对于理解无机化学系统中的配位现象很重要。其中，IB 族贵金属 Cu，Ag 和 Au 的水合反应成为近年来研究的热点，贵金属元素金、银和铜的价电子组态为 $(n-1)\mathrm{d}^{10}ns^1$（Au，$n=6$；Ag，$n=5$；Cu，$n=4$），在贵金属元素中 s 电子起支配作用，因此贵金属元素具有与碱金属元素相似的特性，而贵金属阳离子具有完全占据的 d 轨道和空的 s、p 轨道。与具有相似半径的碱金属离子和碱土金属离子相比，贵金属离子的最高占据轨道和最低非占据轨道之间的能量差较小，贵金属离子 Cu^+，Ag^+，Au^+ 还具有较低的电离能和较高的电子亲和能，具有过渡金属的一些特性。另外，贵金属元素金、银和铜为重原子，它们的电子相关效应特别显著，而且伴随着显著的相对论效应，这些都决定了贵金属元素与水分子组成的团簇具有特殊的性质，因此选择 $M^+(H_2O)_{1,2}$（$M=Cu, Ag, Au$）作为本课题的研究对象。而在水环境下，不仅有阳离子，还存在着阴离子和中性分子，为了系统、全面地研究水合作用，我们又进一步选择了 $M^\delta(H_2O)_{1,2}$（$M=Cu, Ag, Au$；$\delta=0, -1$）体系作为本课题的研究对象。对中性和阴离子的水合贵金属团簇的理论研究有利于引导团簇光谱方面的研究，有助于改进金属原子和离子水合作用的模型，了解贵金属在生物系统中的作用。

实验中应用不同的质谱法研究了水合阳离子团簇[21, 22]，如用高压质谱法得到了团簇的热力学量焓、熵和自由能[21-23]。碰撞诱导分裂技术也被用于研究 $M^+(H_2O)_n$ 的结合能，给出了团簇的频率和热力学量[24,25]，但团簇结构等方面的信息需要使用光谱方法来获得。最近，红外光谱被广泛应用于研究水合离子团簇，它是得到系统详细的几何结构方面信息的有力工具，因为系统的振动很灵敏地随着系统的结合环境而改变。Lisy 等人[26-29]最先将红外光解光谱应用于金属离子/基体系统，包括碱金属/水的复合物。从 2002 年开始，更广泛的分质量的红外光解光谱研究被用到不同的过渡金属/基体复合物中[30-40]。但是与碱金属相比，过渡金属离子和水直接的相互作用能太大[41-46]，导致单光子不能红外光解，因此需要多光子光解或在水合金属离子复合物中加入惰性气体。然而，由于在离子导向中光子密度是很小的，多光子过程在光谱仪中很难发生，因此常采用加入惰性气体原子的方法来研究 $M^+(H_2O)_n$ 团簇的红外光解光谱。然而实验中只给出了 $Cu^+(H_2O)_{1,2}Ar$ 和 $Ag^+(H_2O)_{1,2}Ar$ 的振动频率，未给出体系的结构稳定性和相互作用等方面的信息，理论上对这个系统的研究很少，因此在对 $M^+(H_2O)_{1-3}$（ $M = Cu, Ag, Au$ ）研究的基础上，本课题又选择了 $M^+(H_2O)_{1-3}Ar$（ $M = Cu, Ag, Au$ ）作为研究对象，从理论上解释为何加入 Ar 原子可以获得 $Cu^+(H_2O)_{1-3}Ar$ 和 $Ag^+(H_2O)_{1-3}Ar$ 的红外光谱，预言了 $Au^+(H_2O)_{1-3}Ar$ 的稳定结构和红外光谱。在此基础上，对 $Cu^+(H_2O)Ar_2$ 和 $Au^+(H_2O)Ar_2$ 进行了理论研究，加入两个 Ar 原子可以获得 $Cu^+(H_2O)Ar_2$ 和 $Au^+(H_2O)Ar_2$ 的红外光谱。另外，为了研究的系统性，本课题又选择了与 Ar 原子同族的 Ne 和 Kr 原子所构成的 $M^+(H_2O)Ne$ 和 $M^+(H_2O)Kr$ 作为研究对象，预言 $M^+(H_2O)Ne$ 红外光解光谱存在的可能性。

团簇许多方面的性质都依赖于团簇的基态结构和能量，但目前尚没有直接的实验方法来确定团簇的几何结构，所以不得不先测量依赖于几何结构的性质，然后通过与理论计算结果比较来推测团簇的几何结构。所以，理论上确定其稳定构型显得十分必要，而从头算方法由于精确度很高而成为小团簇构型计算的重要方法。在这种背景下，本研究选择采用从头算方法对水合贵金属团簇以及含惰性气体的水合贵金属阳离子团簇进行了详细的研究。

1.4 国内外在该方向的研究现状

1982 年，Holland 和 Castleman[47]采用高压质谱法对 $Ag^+(H_2O)_n$ 和 $Cu^+(H_2O)_n$ 的热力学性质进行了研究，并测量了反应式 $M^+(H_2O)_n + H_2O \rightarrow M^+(H_2O)_{n+1}$ 的焓、熵和自由能。

1989 年，Magnera 等人[48]使用碰撞诱导分裂技术（CID）研究了团簇 $Cu^+(H_2O)_{1\sim4}$ 与反应式 $Cu^+(H_2O)_{n-1} + H_2O \rightarrow M^+(H_2O)_n$ 相对应的各级结合能，研究发现，$Cu^+(H_2O)_n$ 第二个水分子的结合能和第一个水分子的结合能分别是 163 kJ/mol 和 147 kJ/mol，第二个水分子的结合能大于第一个水分子的结合能，第三和第四个水分子的结合能分别是 71 kJ/mol 和 63 kJ/mol，比第一个和第二个水分子的结合能都小得多。这与水合碱金属和碱土金属团簇中随水分子的增加结合能逐渐降低的结果不同。1994 年，Dalleska 等人[44]用 CID 方法对它又进行了复算，得出了相同的结论。

1990 年，Bauschlicher 等人[49]采用了自洽场方法对 $Cu^+(H_2O)_n$ 进行了几何优化，计算了 $Cu^+(H_2O)_{1\sim4}$ 的结合能，并用 sdσ 杂化减弱金属与水分子间的排斥作用解释了第二个水分子结合能较大的反常现象，第三个和第四个水分子的结合能随着含贵金属的复合物中 sdσ 杂化的减弱以及水分子之间排斥作用的增加而迅速降低。Curtiss 和 Jurgens[50]采用限制的 Hartree-Fock 方法对 $Cu^+(H_2O)_n$ 进行研究时也提出了同样的观点。

1994 年，Chattaraj 和 Schleyer[51]使用 MP2 方法对 $Ag^+(H_2O)$ 的几何结构进行了优化，计算得到 $Ag^+(H_2O)$ 的结合能为 128 kJ/mol。Hrusák 等人[52]使用二阶微扰论（MP2）和单双取代组态相互作用（CISD）对 $Au^+(H_2O)$ 的结构进行了优化，优化得到的几何结构具有非平面的 C_s 对称性，Au^+ 偏离水分子所在平面约 47º。

1995 年，Hertwig 等人[53]使用密度泛函理论（DFT）B3LYP 方法得到 $Au^+(H_2O)$ 的键解离能为 155 kJ/mol。

1998 年，Feller 等人[54]对水分子使用全电子基组，对贵金属使用了相对论有效核势基组，在二阶微扰论（MP2）水平下优化了 $M^+(H_2O)_n$（ M = Cu，Ag，Au；对 Ag、Au，$n = 1 \sim 4$，对 Cu，$n = 1 \sim 5$ ）的几何结构，计算了各级结合能和结合焓。并预测了 $Ag^+(H_2O)_2$ 的配位数为 2，$Ag^+(H_2O)_3$ 和 $Ag^+(H_2O)_4$ 的配位数为 3。

2001 年，Poisson 等人[55]使用实验方法对 $Au^+(H_2O)_2$ 进行了研究，研究发现第一个和第二个水分子的解离焓分别是 164.0±9.6 kJ/mol 和 193.0±19.3 kJ/mol。

2002 年，Fox 等人[56]采用密度泛函理论 B3LYP 方法，对 Ag 原子采用相对论有效核势基组，对 H 和 O 原子使用6-311G(d, p)基组对 $Ag^+(H_2O)_n$（$n = 1 \sim 4$）的几何结构进行了优化和频率计算，进行单点能计算时对水分子使用了更大的基组6-311++G(3df,3pd)。研究表明，$Ag^+(H_2O)_{3,4}$ 的配位数为 2，这与由 MP2 方法得到的结果不同。

2003 年，Lee 等人[57]使用了 B3LYP 和 MP2 方法，对 H 和 O 原子采用 6-31+G* 和 aug-cc-pVDZ 基组对 $Ag^+(H_2O)_{1\sim6}$ 做了详细研究，给出了 $Ag^+(H_2O)_{1\sim6}$ 的最低能量结构、热力学量和振动频率。研究发现，采用 B3LYP 方法计算得到 $Ag^+(H_2O)_{2\sim6}$ 的配位数为 2，而在 MP2 水平下，$Ag^+(H_2O)_{3\sim5}$ 的配位数为 3，$Ag^+(H_2O)_6$ 的配位数为 3。

2004 年，Burda 等人[58]使用密度泛函理论（DFT）对 $Cu^+(H_2O)_{1\sim6}$ 和 $Cu^{2+}(H_2O)_{1\sim6}$ 的相互作用能进行了研究，研究发现，库仑相互作用、极化相互作用和共价键作用对 $Cu^+(H_2O)_{1\sim6}$ 和 $Cu^{2+}(H_2O)_{1\sim6}$ 是同等重要的，而且电子相关效应对相互作用能的贡献也比较大。

2006 年，Christophe 和 Gourlaouen 等人[59]使用限制空间轨道变分法（CSOV）对团簇 $Cu^+(H_2O)$，$Ag^+(H_2O)$ 和 $Au^+(H_2O)$ 的能量进行了分析，静电相互作用在总相互作用能中占的比例依次是：Au^+(3.3%)＜Cu^+(37.8%)＜Ag^+(47.3%)。对于 $Au^+(H_2O)$，Au^+ 与水分子之间的相互作用使得电荷转移严重，团簇中存在强烈的极化相互作用，共价键作用处于主要地位。

2007 年，Iino 等人[60]采用激光汽化蒸发团簇源得到了水合金属离子，但 $M^+(H_2O)_n$（M = Cu，Ag，Au）的解离能大于单个红外光子能量，实验无法测得 $M^+(H_2O)_n$ 的红外光解光谱，加入稀有气体能够克服这种困难。文中采用 B3LYP 方法和 MP2 方法对 $M^+(H_2O)_n$ 和 $M^+(H_2O)_n$Ar 进行了理论研究，得到 $M^+(H_2O)_n$ 的理论光谱，并和实验光谱结果进行比较，预言了团簇的稳定结构。

2009 年，Duncan 等人对 $Cu^+(H_2O)Ar_2$ 和 $Cu^+(D_2O)Ar_2$ 进行了研究，通过实验观测到了 $Cu^+(H_2O)Ar_2$ 和 $Cu^+(D_2O)Ar_2$ 的红外光解光谱，同时使用 MP2 方法对团簇的振动频率的理论值进行了计算，并将理论结果与实验数据进行了对比。

1.5　理论基础和研究方法

Schrödinger、Heisenberg、Dirac 等人在 20 世纪 20 年代创立了量子力学。量

子化学是应用量子力学原理研究原子、分子和晶体的稳定构型、电子结构、化学键的参数、分子间的相互作用、化学反应机理及各种光谱、波谱与能谱性质的理论以及无机和有机化合物、生物大分子和各种功能材料的结构与性能的一门学科。

量子化学自创立以来，就在探讨与寻找各种可能的近似方法。其理论依据是 Schrödinger 方程，要确定任何一个多原子系统的电子结构和性质以及几何结构，需要求解分子体系的 Schrödinger 方程

$$\hat{H}\psi_k = E_k\psi_k \qquad (1-1)$$

分子波函数 ψ_k 依赖于所有 N 个电子的空间坐标 $(\vec{r}_1, \vec{r}_2, \cdots, \vec{r}_N)$、自旋坐标 $(m_{s_1}, m_{s_2}, \cdots, m_{s_v})$，以及所有 v 个原子核的坐标 $(\vec{R}_1, \vec{R}_2, \cdots, \vec{R}_v)$。若忽略核自旋的作用，该分子体系的 Schrödinger 方程可以写为

$$\hat{H}\psi_k(\vec{r}_1, m_{s_1}, \vec{r}_2, m_{s_2}, \cdots, \vec{r}_N, m_{s_N}, \vec{R}_1, \vec{R}_2, \cdots, \vec{R}_v)$$

$$= E_k\psi_k(\vec{r}_1, m_{s_1}, \vec{r}_2, m_{s_2}, \cdots, \vec{r}_N, m_{s_N}, \vec{R}_1, \vec{R}_2, \cdots, \vec{R}_v) \qquad (1-2)$$

原则上，这种理论对分子的结构及其化学性质能做到准确的定量描述，因为依据以 Schrödinger 方程为基础的量子理论，可以得到任何可以观测的物理量。但实际上，数学和计算上的复杂性使得求解此方程非常困难，对于有些分子体系甚至是无法求解的。为此，人们采取各种近似理论与方法，求得薛定谔方程的近似波函数和近似本征值。人们在解释分子结构时，常采用两种分子结构理论：一是价键理论，它是由 Heitler 和 London 创立并经后来伟大的化学家 Pauling 的大力发展而逐步完善起来的分子结构理论。第二种是分子轨道理论，它起源于双原子分子带光谱的早期研究工作，且也被广泛用于描述分子结构和各种性质，如电偶极矩、吸收光谱、电磁共振以及核磁共振等。这些工作由伟大的理论先驱开创，如 Hund、Mulliken、Lennard-Joh 和 Slater 等。本书主要采用分子轨道理论进行计算机团簇模拟。

价键理论又称电子配对法，主要描述分子中的共价键和共价结合，其核心思想是电子配对形成定域化学键，成键电子只能在以化学键相连的两原子间的区域运动。价键理论物理图像清晰并且简单实用，在解释分子结构中获得了巨大的成功，但由于其不易程序化，价键理论曾一度发展缓慢，直到 20 世纪 60 年代末才有新的发展。

分子轨道理论是处理双原子分子及多原子分子结构的一种有效的近似方法，它假设分子轨道可用原子轨道线性组合得到，分子轨道数目等于原子轨道数目之

和，轨道能级改变，形成化学键的电子在整个分子的区域内运动，而不是在特定的键上。分子轨道按能级高低排列，电子从最低能级开始填入分子轨道，每个分子轨道最多只能容纳两个电子，而且两个电子的自旋必须反平行。为了使多粒子体系的 Schrödinger 方程可解，分子轨道理论采取了非相对论近似、玻恩-奥本海默近似和单粒子近似。分子轨道方法的分子轨道具有较普通的数学形式，较易程序化。20 世纪 50 年代以来，随着计算机的出现和发展，该方法蓬勃发展起来，但当时计算机的计算能力有限，数量又比较少，因此主要是半经验的 MO 获得发展。从 70 年代开始，分子轨道理论的从头算研究逐渐展开，直到 80 年代逐渐取代了半经验方法，成为研究化学键理论的主流方法。"从头算"是从拉丁文 ab initio 翻译过来的，它以分子轨道理论为基础，以 HFR 方程为出发点，采用三点近似：非相对论近似，Born-Oppenheimer 近似和单粒子近似。除此之外不做任何近似处理，仅利用三个基本物理常数（Planck 常数、电子静止质量和电量），不借助任何经验参数[61],对分子的全部积分严格进行计算，以求达到求解量子力学 Schrödinger 方程的目的。近年来，密度泛函理论（DFT）也受到人们的青睐，它是利用普通的电子密度函数来描述体系的性质和对电子相关能的修正。

1.5.1 分子轨道理论

1.5.1.1 近似理论

为了找到多粒子体系的 Hamilton 量的简明表达式，使得 Schrödinger 方程可解，必须在物理模型上做一些简化。非相对论近似、Born-Oppenheimer 近似和单粒子近似是分子轨道理论的三个基本近似。

（1）非相对论近似

由于在原子与分子领域中，原子核和电子的速度要远远小于光速，所以描述原子和分子体系的Schrödinger方程是在非相对论下推导出来的。现在的量子化学方法中，通常在最后对相对论效应给予修正。

（2）Born-Oppenheimer 近似

波恩 – 奥本海默近似，也叫定核近似，还可以叫绝热近似。这一近似的主要依据是组成分子体系的原子核的质量比电子大 $10^3 \sim 10^5$ 倍，因而分子中电子运动速度比原子核快得多。当核间发生任一微小运动时，迅速运动的电子都能立即进行调整，建立起与变化后的核力场相应的运动状态。这意味着，在任一确定的核的排布下，电子都有相应的运动状态；同时，核间的相对运动可视为电子运动的平均作用结果。据此，Born 和 Oppenheimer 处理了分子体系的定态 Schrödinger 方程，做出合理的近似，使分子中核的运动和电子的运动分离开来，称为 Born-Oppenheimer 近似。

如果采用原子单位制（atomic unit 简称 a.u.），用 $V(r,R)$ 代表势能项

$$V(r,R)=\sum_{\alpha<\beta}\frac{Z_\alpha Z_\beta}{R_{\alpha\beta}}+\sum_{i<j}\frac{1}{r_{ij}}-\sum_{\alpha,i}\frac{Z_\alpha}{r_{\alpha i}} \tag{1-3}$$

式中 α 和 β 表示原子核，i 和 j 表示电子。

Schrödinger 方程为

$$\left\{-\sum_\alpha\frac{1}{2M_\alpha}\nabla_\alpha^2-\sum_i\frac{1}{2}\nabla_i^2-\sum_{\alpha<\beta}\frac{Z_\alpha Z_\beta}{R_{\alpha\beta}}+\sum_{i<j}\frac{1}{r_{ij}}-\sum_{\alpha,i}\frac{Z_\alpha}{r_{\alpha i}}\right\}\psi=E\psi \tag{1-4}$$

为了探求核运动和电子运动的分离条件，Born-Oppenheimer 假设

$$\Psi(r,R)=\psi(r,R)\Phi(R) \tag{1-5}$$

其中 $\Phi(R)$ 仅与核的坐标有关，将方程（1-5）代入方程（1-4）得

$$-\sum_\alpha\frac{1}{2M_\alpha}\psi\nabla_\alpha^2\Phi-\sum_\alpha\frac{1}{M_\alpha}\nabla_\alpha\Phi-\sum_\alpha\frac{1}{2M_\alpha}\nabla_\alpha^2\psi$$

$$-\sum_i\frac{1}{2}\Phi\nabla_i^2\psi+V(r,R)\psi\Phi=E\psi\Phi \tag{1-6}$$

对于通常的分子，$M_\alpha\approx 10^3\sim 10^5$，而且

$$\nabla_\alpha\psi\nabla_\alpha\Phi\approx\Phi\nabla_\alpha^2\psi \tag{1-7a}$$

$$\nabla_\alpha^2\psi\approx\nabla_i^2\Phi \tag{1-7b}$$

方程（1-6）左边第二、三项与第四项相比要小得多，因此可以略去，然后分离变量得到电子运动的方程

$$-\frac{1}{2}\sum_i\nabla_i^2\psi(r,R)+V(r,R)\psi(r,R)=E_t\psi(r,R) \tag{1-8}$$

和原子核的运动方程

$$-\sum_\alpha\frac{1}{2M_\alpha}\nabla_\alpha^2\Phi(R)+\hat{H}_t\Phi(R)=E\Phi(R) \tag{1-9}$$

式中

$$\hat{H}_t=-\sum_i\frac{1}{2}\nabla_i^2+V(r,R) \tag{1-10}$$

上式中，$E_t(R)$ 是所有原子核坐标 R 固定时，算符 $\hat{H}_t$ 的本征值。

若令电子的总 Hamilton 算符为

$$H \equiv -\sum_i \frac{1}{2}\nabla_i{}^2 - \sum_{\alpha,i} \frac{Z_\alpha}{r_{\alpha i}} + \sum_{i<j} \frac{1}{r_{ij}} = H_t - \sum_{\alpha<\beta} \frac{Z_\alpha Z_\beta}{R_{\alpha\beta}} \tag{1-11}$$

在固定的原子核场中，核间排斥作用势在描写电子运动的方程中作为一常数项，可以直接从本征能量 $E_t(R)$ 中减去，得到体系电子总的 Hamilton 算符的本征能量为

$$E(R) \equiv E_t - \sum_{\alpha<\beta} \frac{Z_\alpha Z_\beta}{R_{\alpha\beta}} \tag{1-12}$$

电子运动的 Schrödinger 方程为

$$\hat{H}\psi(r,R) = E\psi(r,R) \tag{1-13}$$

（3）单粒子近似

分子轨道理论的另一个基本简化就是单粒子近似或叫轨道近似[88-91]。即每个电子都在各原子核和其他电子的平均作用势场中独立地运动，其运动状态用单电子波函数来描述，这种单电子波函数称为分子轨道（MO），是各原子核和其他电子的平均作用势场中的单电子 Schrödinger 方程的解。

对于多电子体系，方程（1-13）仍不能严格求解，原因是多电子 Hamilton 算符包含了 $1/r_{ij}$ 形式的电子间排斥作用算符，不能分离变量。近似求解多电子的 Schrödinger 方程，还要引入分子轨道法的另一个基本近似——轨道近似。这就是把 N 电子体系的总波函数写成 N 个单电子波函数的乘积

$$\psi(x_1, x_2, \cdots, x_N) = \varphi_1(x_1)\varphi_2(x_2)\cdots\varphi_N(x_N) \tag{1-14}$$

其中每一个单电子波函数 $\varphi_i(x_i)$ 只与一个电子的坐标 x_i 有关，这样的单电子波函数用术语称为轨道。因此，轨道近似所隐含的物理模型是一种"独立电子模型"，有时又称为"单电子近似"。用方程（1-12）来描述多电子体系的状态时，须使其反对称化，写成 Slater 行列式的形式，以满足电子的费米子性质

$$\psi(x_1 \cdots x_N) = (N!)^{-\frac{1}{2}} \begin{vmatrix} \varphi_1(x_1) & \varphi_2(x_1) & \cdots & \varphi_N(x_1) \\ \varphi_1(x_2) & \varphi_2(x_2) & \cdots & \varphi_N(x_2) \\ \vdots & \vdots & & \vdots \\ \varphi_1(x_N) & \varphi_2(x_N) & \cdots & \varphi_N(x_N) \end{vmatrix} \tag{1-15}$$

简记为：

$$\psi(x_1 \cdots x_N) = (N!)^{-\frac{1}{2}} |\varphi_1(x_1) \quad \varphi_2(x_2) \cdots \varphi_N(x_N)| \tag{1-16}$$

其中 $(N!)^{-\frac{1}{2}}$ 为归一化系数（这里假定每一个单电子波函数都是归一化的）。

由于电子体系的 Hamilton 量不包含自旋变量，仅是空间坐标及对空间坐标导数的函数，我们可以把单电子波函数分离为空间和自旋两部分的乘积，即

$$\varphi_i(x_i) = \varphi_i(i)\omega_i(i) \qquad （1\text{--}17a）$$

上式可以改写为

$$\psi(x_1 \cdots x_N) = (N!)^{-\frac{1}{2}} \left| \varphi_1(1)\omega_1(1) \quad \varphi_2(2)\omega_2(2) \cdots \varphi_N(N)\omega_N(N) \right|$$

$$（1\text{--}17b）$$

引入了这些近似后，考虑到波函数的反对称性和 Pauli 不相容原理，可将多粒子体系的总的波函数用 N 个单电子波函数的 Slater 行列式来表示

$$\Psi(x_1, x_2, \cdots, x_N) = (N!)^{-\frac{1}{2}} \begin{vmatrix} \psi_1(x_1) & \psi_2(x_1) & \cdots & \psi_N(x_1) \\ \psi_1(x_2) & \psi_2(x_2) & \cdots & \psi_N(x_2) \\ \vdots & \vdots & & \vdots \\ \psi_1(x_N) & \psi_2(x_N) & \cdots & \psi_N(x_N) \end{vmatrix} \qquad （1\text{--}18）$$

1.5.1.2 Hartree-Fock-Roothaan（HFR）方程

1928 年，Hartree 将每个电子看作是在其他所有电子构成的平均势场中运动的粒子，体系中的每一个电子都可以得到一个单电子方程（表示这个电子运动状态的量子力学方程），称为 Hartree 方程。使用自洽场迭代方式求解 Hartree 方程，就可得到体系的电子结构和性质。

由于 Hartree 将多电子原子波函数表示成单电子空间波函数之积，没有考虑波函数的反对称性，不能正确描述电子的状态，Hartree 方程是非常不成功的[62,63]。1930 年，Fock 和 Slater 考虑了 Pauli 不相容原理要求，体系的总电子波函数要满足反对称化要求，而 Slater 行列式波函数正是满足反对称化要求的波函数，由此出发运用变分原理导出的单粒子态满足的方程组，称为 Hartree-Fock 方程。

但是由于计算上的困难，Hartree-Fock 方程诞生后整整沉寂了二十年。为了解决计算上的困难，把分子轨道按某个选定的完全基组展开，从而对分子轨道的变分就转化为对展开系数的变分，Hartree-Fock 方程就从一组非线性的积分-微分方程转化为一组易于求解的代数方程（简称 HFR 方程）。

（1）闭壳层分子的 HFR 方程

闭壳层分子意味着分子中所有的电子均按自旋相反的方式进行配对，即对含有 N 个电子的分子体系，必须有 $n = N/2$ 个空间轨道，可用单个 Slater 行列式表示

多电子波函数 $\psi_0 = \left| \varphi_1 \alpha \varphi_1 \beta \varphi_2 \alpha \varphi_2 \beta \cdots \varphi_n \alpha \varphi_n \beta \right|$。

不考虑磁相互作用，体系的 Hamilton 量可以表示为

$$\hat{H} = \sum_{i=1}^{N} \hat{h}(i) + \sum_{i<j}^{N} \hat{g}(i,j) \tag{1-19}$$

其中，单电子算符 $\hat{h}(i) = -\frac{1}{2} \nabla_i^2 - \sum_{A=1}^{N} \frac{Z_A}{r_{iA}}$，双电子算符 $\hat{g}_{ij} = \frac{1}{r_{ij}}$。于是体系的能量可以表示为

$$E = 2 \sum_i \left\langle \varphi_i \left| h(i) \right| \varphi_j \right\rangle + \sum_{i,j=1}^{N/2} \left[2 \left\langle \varphi_i \varphi_j \left| h(i) \right| \varphi_i \varphi_j \right\rangle - \left\langle \varphi_i \varphi_j \left| h(i) \right| \varphi_j \varphi_i \right\rangle \right] \tag{1-20}$$

如果将分子轨道表示为基函数的线性组合，用变分法确定组合系数，就能得到 Roothaan 方程。假设分子轨道用函数集合 $\{ \chi_\mu, \mu = 1, 2, 3, \cdots m \}$ 形式展开，则波函数可以表示为 $\varphi_i = \sum_{\mu=1}^{m} c_{\mu i} \chi_\mu$，于是式（1-20）展开为

$$E = 2 \sum_{\mu,\nu} \sum_i c_{\mu i}^* c_{\nu i} h_{\mu\nu} + \sum_{\mu,\nu,\lambda,\sigma} \sum_{i,j} c_{\mu i}^* c_{\nu i} c_{\lambda j}^* c_{\sigma j} \left[2 \left\langle \mu\nu \left| \lambda\sigma \right\rangle - \left\langle \mu\sigma \left| \lambda\nu \right\rangle \right] \tag{1-21}$$

其中系数 $c_{\mu i}$ 是满足空间轨道正交归一性条件下使 E 最小的最优值。用 Lagrange 不定乘因子方法对其变分求解值，则有

$$\delta E - 2 \sum_{i,j} \varepsilon_{ij} \delta \left\langle \varphi_i \left| \varphi_j \right\rangle = 0 \tag{1-22}$$

由于 $\delta c_{\mu i}^*$ 是任意的，并且 $\left| \varepsilon_{ij} \right|$ 是 Hermite 矩阵，经变换可得

$$\sum_\nu \left(F_{\mu\nu} - \varepsilon_i S_{\mu\nu} \right) c_{\nu i} = 0 \tag{1-23}$$

其中

$$F_{\mu\nu} = h_{\mu\nu} + G_{\mu\nu}$$

$$= h_{\mu\nu} + \sum_{\lambda,\sigma} \left(\sum_j c_{\sigma j} c_{\lambda j}^* \right) \left[2 \left\langle \mu\nu \left| \lambda\sigma \right\rangle - \left\langle \mu\sigma \left| \lambda\nu \right\rangle \right] \tag{1-24}$$

$$= h_{\mu\nu} + \sum_{\lambda,\sigma} \left[2 \left\langle \mu\nu \left| \lambda\sigma \right\rangle - \left\langle \mu\sigma \left| \lambda\nu \right\rangle \right] P_{\sigma\lambda}$$

上式即为闭壳层分子的 HFR 方程。一般情况下式（1-24）被表示为矩阵形式

$$FC = SC\varepsilon \tag{1-25}$$

其中，$F = h + G$，式中的 F、h、G 矩阵分别被称为 Fock 矩阵、Hamilton 矩阵、电子排斥矩阵，S 为重叠矩阵。目前在求解 HFR 方程时只能用迭代的方法，即自洽

场（self-consistent field，SCF）方法。迭代是否收敛的判据有两种，一种是本征向量判据，一种是本征值判据。HFR 方程仍然是非线性方程，只能用自洽场方法求解（有关自洽计算过程可参阅文献）。在 Gaussian 计算程序中，本征值判据缺省值为 10^{-8}，本征向量判据的缺省值为 10^{-6}。

（2）开壳层分子的 HFR 方程

对于开壳层体系的分子而言，存在两种可能的电子排布方法。第一种是自旋限制 Hartree-Fock 理论，通常以 RHF 来表示，即对于由 M 个原子核和 N 个电子组成的分子体系，$2p$ 个电子填充在闭壳层轨道 $\{\varphi_i, i=1,2,3,\cdots,p\}$，另外（$N-2p$）个电子填充在开壳层轨道 $\{\varphi_j, j=p+1, p+2,\cdots, p+q\}$。该理论与闭壳层情况类似，即 HFR 方程为

$$F^c C_k = \sum_j S C_j \varepsilon_{jk}, \qquad \gamma F^0 C_m = \sum_j S C_j \varepsilon_{jm} \qquad (1-26)$$

$$其中 \quad \begin{aligned} F^c &= h + \sum_k \left(2J_k - K_k\right) + \gamma \sum_m \left(2J_m - K_m\right) \\ F^0 &= h + \sum_k \left(2J_k - K_k\right) + 2a\gamma \sum_m J_m - bv \sum_m K_m \end{aligned} \qquad (1-27)$$

C_k 和 C_m 分别为闭壳层和开壳层分子轨道的系数矩阵，$\gamma = \left(N-2p\right)/2q$ 为开壳层的占据系数，h 为 Hamilton 矩阵，J_j 和 K_j 分别为 Coulomb 算符和交换算符的矩阵，表示为

$$\left(J_j\right)_{\mu v} = \sum_{\lambda, \sigma} c_{\lambda j}^* c_{\sigma j} \langle \mu v | \lambda \sigma \rangle, \qquad \left(K_j\right)_{\mu v} = \sum_{\lambda, \sigma} c_{\lambda j}^* c_{\sigma j} \langle \mu \sigma | \lambda v \rangle \qquad (1-28)$$

第二种是自旋非限制 Hartree-Fock 理论，以 UHF 表示。在该理论下，空间轨道被分为 α, β 两套，分别记为 ψ_i^α 和 ψ_i^β（$i=1,2,3,\cdots,N$），对于由 M 个原子核和 N 个电子组成的分子体系，在该理论下，两套分子轨道 ψ_i^α 和 ψ_i^β 将由两套不同的组合系数加以确定

$$\psi_i^\alpha = \sum_\mu c_{\mu i}^\alpha \phi_\mu, \qquad \psi_i^\beta = \sum_\mu c_{\mu i}^\beta \phi_\mu \qquad (1-29)$$

$c_{\mu i}^\alpha$ 与 $c_{\mu i}^\beta$ 线性无关。类似地，按照闭壳层体系处理方法则

$$\sum_{v=1}^N \left(F_{\mu i}^\alpha - \varepsilon_i^\alpha S_{\mu v}\right) C_{\mu i}^\alpha = 0 \qquad (1-30)$$

$$\sum_{v=1}^N \left(F_{\mu i}^\beta - \varepsilon_i^\beta S_{\mu v}\right) C_{\mu i}^\beta = 0$$

得到两组能级顺序排列的分子轨道波函数。UHF 函数不是自旋算符 $\hat{S}^2$ 的本征函数，因此会产生自旋污染。高自旋体系一般采用 ROHF 方程。

1.5.2　电子相关效应及其处理方法

在 Hartree-Fock 方法中，每个电子感受到的是所有其他电子的平均密度，基态波函数由单 Slater 行列式波函数近似表示，可见两个自旋平行的电子在空间同一位置出现的概率为零，自旋平行的电子相互回避，使得电子间距离变大，电子密度变小，因此电子之间的排斥作用能相应变小，这反映出每一个电子周围都存在一个 Fermi 孔，在电子周围其他电子进入的概率为零，这种电子相关称为 Fermi 相关，也称为静态相关或非动态相关。

对于自旋相反的两个电子，并不违背 Pauli 不相容原理。这说明两个电子同时出现在空间同一位置的概率不为零。但是由于电子间的 Coulomb 排斥作用，电子间不可能瞬间相互紧密地接近，而是有一定距离。显然每个电子都不是独立运动的，而是彼此之间有一定的制约的，电子之间的这种相互制约作用称为 Coulomb 相关。Hartree-Fock 方法考虑了 Fermi 相关，但不包括 Coulomb 相关，这种相关也称为电子运动的瞬时相关性或电子的动态相关效应。

电子相关效应可以用相关能来表征[64]。电子相关能是非相对论薛定谔方程能量精确解 ENR 与 Hartree-Fock 能量极限值 EHFL 之差

$$E_{corr}=ENR-EHFL \qquad (1-31)$$

其中非相对论薛定谔方程能量精确解 ENR 为

$$ENR=EEXP-ERE \qquad (1-32)$$

式中为实验值，Hamilton 量的精确本征值是实验值扣除相对论校正后得到的，但是 SCF 计算中实际上还没有求出 Hartree-Fock 的能量极限值，而且目前还没有方法进行精确的相对论校正，因此电子相关能的值实际上都是一种近似值。

电子相关能的绝对值常常并不是很大，它只占体系总能量的 0.3%~1.0%，但是化学和物理过程所涉及的常常是能量的差值。然而与体系的总能量相比，化学键能以及光谱的能级差是很小的，可见，相关能几乎与化学键能处于同一数量级。可见，Hartree-Fock 方法中的相关能偏差是一个严重的问题，解决电子相关能问题是至关重要的。

下面介绍几种处理电子相关效应的方法。

1.5.2.1　组态相互作用方法

组态相互作用（configuration interaction，CI）[65-68]又称组态混合或组态叠加，它是最早提出来的计算电子相关能的方法之一。它是在 Born-Oppenheimer 近似的

条件下，解与时间无关的 Schrödinger 方程。1928 年，Hylleraas 就用这种方法相当准确地计算出氦原子的电子总能量。

组态相互作用方法用一系列 Slater 行列式的线性组合来表示体系的多电子波函数

$$\psi = \sum_{s=0}^{M} c_s \psi_s \qquad (1-33)$$

并按变分法确定系数 c_s，即选取 c_s 使体系能量取极小值。

在式（1-33）右端的波函数如果选用不同组态的 Slater 行列式，总的波函数是这些不同组态的 Slater 行列式的线性组合，称之为组态相互作用。当加上越来越多的组态时，ψ 会越来越精确。

组态相互作用方法既适用于闭壳层组态，也适用于开壳层组态；既适用于基态，又适用于激发态；既适用于体系的平衡几何构型，也适用于远离平衡的构型。对 $\{\psi_s\}$ 原则上也没有苛刻的要求，这对于势能面等与化学反应过程有关的计算都是比较重要的。

1.5.2.2 微扰理论方法

Møller-Plesset 微扰理论方法 MP$_n$（$n = 2$，3，4，5）可能是计算相关能最简单有效的近似方法[69-73]，近年来已得到普遍的应用。微扰理论方法是在 Hartree-Fock 理论的基础上添加高激发的非迭代修正，应用了多体微扰理论，微扰论中把 Hamilton 算符表示为

$$\hat{H} = \hat{H}_0 + \lambda\hat{H}' \qquad (1-34)$$

其中 λ 是一个小量，$\hat{H}_0$ 为无微扰 Hamilton 算符，$\lambda\hat{H}'$ 为微扰量。

$\hat{H}_0$ 的本征值和本征函数已经求出，即 $\hat{H}_0$ 的本征方程

$$\hat{H}_0\psi_n^0 = E_n^0\psi_n^0 \qquad (1-35)$$

其中，能级 E_n^0 和波函数 ψ_n^0 都是已知的。微扰论的任务就是从 $\hat{H}_0$ 的本征值和本征函数出发，近似求出 $\hat{H}$ 的本征值和本征函数。

体系经微扰后的薛定谔方程是

$$\hat{H}\psi_n = (\hat{H}_0 + \lambda\hat{H}')\psi_n = E_n\psi_n \qquad (1-36)$$

将能级 E_n 和波函数 ψ_n 按 λ 展开：

$$E_n = E_n^{(0)} + \lambda E_n^{(1)} + \lambda^2 E_n^{(2)} + \cdots \qquad (1-37)$$

$$\psi_n = \psi_n^{(0)} + \lambda\psi_n^{(1)} + \lambda^2\psi_n^{(2)} + \cdots \qquad (1-38)$$

其中 $E_n^{(0)}$，$\lambda E_n^{(1)}$，$\lambda^2 E_n^{(2)}$，…，$\psi_n^{(0)}$，$\lambda \psi_n^{(1)}$，$\lambda^2 \psi_n^{(2)}$，…，分别表示 E_n 能级和波函数 ψ_n 的零级、一级、二级……修正。将上面展开式代入定态薛定谔方程，则有

$$(\hat{H}_0 + \lambda\hat{H}')(\psi_n^{(0)} + \lambda\psi_n^{(1)} + \lambda^2\psi_n^{(2)} + \cdots)$$
$$= (E_n^{(0)} + \lambda E_n^{(1)} + \lambda^2 E_n^{(2)} + \cdots)(\psi_n^{(0)} + \lambda\psi_n^{(1)} + \lambda^2\psi_n^{(2)} + \cdots) \quad （1\text{--}39）$$

比较上式两端 λ 的同次幂，可得

$$\lambda^0: \quad \hat{H}_0\psi_n^{(0)} = E_n^{(0)}\psi_n^{(0)}$$
$$\lambda^1: \quad (\hat{H}_0 - E_n^{(0)})\psi_n^{(1)} = -(\hat{H}' - E_n^{(1)})\psi_n^{(0)} \quad （1\text{--}40）$$
$$\lambda^2: \quad (\hat{H}_0 - E_n^{(0)})\psi_n^{(2)} = -(\hat{H}' - E_n^{(1)})\psi_n^{(1)} + E_n^{(2)}\psi_n^{(0)}$$

……

零级近似是无微扰时的定态薛定谔方程。同样，还可以列出准确到 λ^3，λ^4 等各级的近似方程。

根据近似程度不同，Møller-Plesset 微扰法名称也有区别，它取决于微扰法能量修正的级次或截断能量的级次。微扰理论首先用 Hartree-Fock 自洽计算方法求出 $\psi_n^{(0)}$ 和 $E_n^{(0)}$ 后，接着进行 Møller-Plesset 相关能修正计算，得出各阶微扰解。在二级修正项结束为 MP2[74-77]，在三级修正项结束为 MP3[78]，在四级修正项结束为 MP4[72]，在五级修正项结束为 MP5[73]，以此类推。Møller-Plesset 微扰理论方法实际应用一般不超过 MP4，通常 MP4 只应用于小体系，得到广泛应用的是 MP2，甚至可用 MP2 计算较大体系的相关能。在具体应用中，MP2 必须选用合理的基函数（6-31G*或更好），一般能计算 80%~90%的相关能，对基态分子常给予较好的定性结果，它较 Hartree-Fock 方法计算结果有较大的改进。尽管 MP3、MP4 能提高计算精确度，但却增加了计算的复杂性，需要更多的计算时间。

1.5.2.3　耦合簇方法

电子相关的耦合簇理论[79]（coupled cluster theory，CC）是一种用于求解多体问题的理论方法。1950 年，Coester 和 Kümmel[80]首先用指数形式定义电子和核结构的耦合簇方法，这个方法最早是为了研究核物理中的一些现象，后来由 Čízek[81] 和 Paldus 重新改善后，引入量子化学研究中，从 20 世纪 60 年代开始，被广泛运用于研究原子和分子中的电子相关效应。

耦合簇理论建立在波函数用指数形式表示的基础上：

$$\psi_{CC} = e^T\Phi_0 \quad （1\text{--}41）$$

式中 Φ_0 为体系的 HF（或 HFR）的基函数，作为耦合簇理论的参考态，T 为总激发态算符，可以表示为各个激发态生成算符 T_q 之和

$$T = \sum_q T_q = T_1 + T_2 + T_3 + \cdots \qquad (1-42)$$

其中 T_1 表示单激发态生成算符，T_2 表示双激发态生成算符，T_3 表示三激发态生成算符，它们分别可以表示为

$$T_1 = \sum_i^{occ} \sum_a^{vir} t_i^a T_i^a$$

$$T_2 = \sum_{i<j}^{occ} \sum_{a<b}^{vir} t_{ij}^{ab} T_{ij}^{ab} \qquad (1-43)$$

$$T_3 = \sum_{i<j<k}^{occ} \sum_{a<b<c}^{vir} t_{ijk}^{abc} T_{ijk}^{abc}$$

原则上，还能写出 T_4，T_5，$\cdots$。实际上一般应用不超过 T_3。式中 i，j，k，$\cdots$ 表示占用轨道；a，b，c，$\cdots$ 表示空轨道（虚轨道）；t_i^a，t_{ij}^{ab}，t_{ijk}^{abc}，$\cdots$ 表示相应的展开系数，称为簇振幅。

e^T 可以展开级数：

$$e^T = 1 + T + \frac{1}{2!}T^2 + \frac{1}{3!}T^3 + \cdots \qquad (1-44)$$

若按激发电子数目分类，指数算符 e^T 可写为

$$e^T = 1 + T_1 + \left(T_2 + \frac{1}{2}T_1^2\right) + \left(T_3 + T_2T_1 + \frac{1}{6}T_1^3\right) + \cdots \qquad (1-45)$$

将式（1-45）代入式（1-41）中得：

$$\psi_{CC} = e^T \Phi_0 = [1 + T_1 + (T_2 + \frac{1}{2}T_1^2) + (T_3 + T_2T_1 + \frac{1}{6}T_1^3) + \cdots]\Phi_0 \qquad (1-46)$$

第一项为 Φ_0 对应 HF（HFR）参考态，第二项为 $T_1\Phi_0$ 对应所有单电子激发态。第三项（第一个括号）对应所有双电子激发，第四项（第二个括号）与所有三电子激发相对应，第三个括号对应四重激发……

CC 薛定谔方程为

$$\hat{H}\psi_{CC} = E\psi_{CC} \qquad (1-47)$$

$$\left\langle \Phi_0 \left| \hat{H}e^T \right| \Phi_0 \right\rangle = E_{CC} \left\langle \Phi_0 \left| e^T \right| \Phi_0 \right\rangle \qquad (1-48)$$

$$E_{CC} = \left\langle \Phi_0 \left| \hat{H}e^T \right| \Phi_0 \right\rangle \qquad (1-49)$$

$$E_{CC} = \left\langle \Phi_0 \left| \hat{H} e^T \right| \Phi_0 \right\rangle$$

$$= \left\langle \Phi_0 \left| \hat{H} \right| [1 + T_1 + (T_2 + \frac{1}{2} T_1^2) + (T_3 + T_2 T_1 + \frac{1}{6} T_1^3) + \cdots] \Phi_0 \right\rangle \quad (1-50)$$

式（1-49）是一个无限级数，实际计算很困难。在应用中，高激发组态很少出现，忽略它们对相关能影响不大。从理论上分析，根据 Nesbet 定理，在相关能计算中，双激发态占有重要地位，因此，三电子以上的激发组态对相关能的贡献可以忽略。所以式（1-49）在双电子激发组态后截断，则

$$E_{CC} = \left\langle \Phi_0 \left| \hat{H} \right| \Phi_0 \right\rangle$$

$$= \left\langle \Phi_0 \left| \hat{H} \right| (1 + T_1 + T_2 + \frac{1}{2} T_1^2) \Phi_0 \right\rangle \quad (1-51)$$

$$= \left\langle \Phi_0 \left| \hat{H} \right| \Phi_0 \right\rangle + \left\langle \Phi_0 \left| \hat{H} \right| T_1 \Phi_0 \right\rangle + \left\langle \Phi_0 \left| \hat{H} \right| T_2 \Phi_0 \right\rangle + \frac{1}{2} \left\langle \Phi_0 \left| \hat{H} \right| T_1^2 \Phi_0 \right\rangle$$

$$E_{CC} = E_{HF} + \sum_i^{occ} \sum_a^{vir} t_i^a \left\langle \Phi_0 \left| \hat{H} \right| \Phi_i^a \right\rangle + \sum_{i<j}^{occ} \sum_{a<b}^{vir} (t_{ij}^{ab} + t_i^a t_j^b - t_i^b t_j^a) \left\langle \Phi_0 \left| \hat{H} \right| \Phi_{ij}^{ab} \right\rangle \quad (1-52)$$

E_{HF} 表示 HF（或 HFR）基态能量，由 Brillouin 定理可得

$$\sum_i^{occ} \sum_a^{vir} t_i^a \left\langle \Phi_0 \left| \hat{H} \right| \Phi_i^a \right\rangle = 0 \quad (1-53)$$

因此，E_{CC} 可表示为

$$E_{CC} = E_{HF} + \sum_{i<j}^{occ} \sum_{a<b}^{vir} (t_{ij}^{ab} + t_i^a t_j^b - t_i^b t_j^a)(\left\langle \varphi_i \varphi_j \left| \varphi_a \varphi_b \right\rangle - \left\langle \varphi_i \varphi_j \left| \varphi_b \varphi_a \right\rangle\right) \quad (1-54)$$

从式（1-52）可以看出，相关能主要由双电子激发组态决定，通过双激发组态簇振幅与双电子积分计算，它是非线性方程，具有大小一致性。CC 方法可以计算相关能的 90% 以上，因此得到广泛应用。

CC 理论计算相关能，根据激发态的级次不同，划分为不同的计算方法，并用不同的缩写字表示：

CCD：考虑 T_2 激发态生成算符；

CCSD：考虑 T_1 与 T_2 激发态生成算符；

CCSDT：考虑 T_1，T_2 和 T_3 激发态生成算符。

CCD 和 CCSD 都没有考虑三激发组态对相关能的贡献。事实表明，三电子激发组

态生成算符 T_3 对于精确描述许多分子结构是很重要的。但由于 CCSDT 计算比较复杂，实际上对许多分子不能应用。为此提出一些改进方法，其中比较成功的方法是 CCSD(T)。在目前来看，CCSD(T)是计算分子体系相关能的精确方法之一。

从形式方面来看，CC 与 CI 都以 Hartree-Fock 基态波函数为参考态，都可以写成线性组合形式，但两者的组合意义不同，CI 将波函数 ψ_s 展开成各组态行列式线性组合，可用变分法计算，求出能量相对最低的组合系数；但是 CI 方法缺乏大小一致性。而 CC 方法得到的是非线性方程，不能应用变分法，能够用迭代法求解，因此 CC 方法可以从较低激发态之积得到较高激发态对相关能的贡献，也就是说具有大小一致性，所以计算精度提高了。

1.5.2.4 密度泛函理论

密度泛函理论（DFT）主要目的是以电子密度代替波函数作为基本量，用电子密度来描述和确定体系的性质。由于电子密度是三维空间位置的函数，这使得 $4N$ 个变量的波函数问题简化为三维离子密度问题，十分简单直观，可处理 $10^2 \sim 10^3$ 个原子体系。另外，电子密度是可以通过实验测得的物理量。

Thomas 和 Fermi 在 1927 年各自提出了均匀电子气模型，将原子的动能表示成电子密度的函数，并将原子核与电子、电子与电子的相互作用通过电子密度表示出来。但直到 1964 年 Hohenberg-Kohn 定理提出之后，Thomas-Fermi 模型才有坚实的理论依据。

DFT 理论能够普遍应用是通过 Kohn-Sham 方法实现的。在 Kohn-ShamDFT 的框架中，将最难处理的多体问题简化成一个没有相互作用的电子在有效势场中的运动问题。这个有效势场包括外势场以及电子间非经典相互作用，如交换和相关作用。

近年来，DFT 理论在分子和凝聚态的电子结构研究中得到了广泛的应用，可用于较大分子的计算，其计算结果的精度优于 HF 方法，对于含有过渡金属原子或离子的体系更显出优越性。

密度泛函理论方法中电子的总能量可以表示为

$$E = E^T + E^V + E^J + E^{xc} \qquad (1-55)$$

其中，E^T 是非相互作用参考系中电子运动产生的动能；E^V 为电子与原子核之间的吸引势能；E^J 为电子与电子之间的静电排斥能；E^{xc} 表示交换相关能。E^J 可表示为

$$E^J = \frac{1}{2} \iint \rho\left(\vec{r}_1\right)\left(\Delta r_{12}\right)^{-1} \rho\left(\vec{r}_2\right) \mathrm{d}\vec{r}_1 \mathrm{d}\vec{r}_2 \qquad (1-56)$$

Hohenberg 和 Kohn 认为电子密度可以确定 E^{xc}，E^{xc} 的表达式为

$$E^{xc}(\rho) = \int f\left(\rho_\alpha(\vec{r}), \rho_\beta(\vec{r}), \nabla\rho_\alpha(\vec{r}), \nabla\rho_\beta(\vec{r})\right) d^3\vec{r} \tag{1-57}$$

式中 ρ_α 和 ρ_β 分别表示自旋为 α 和 β 的电子密度。一般 E^{xc} 分为交换和相关两个部分，它们分别对应于相同自旋和混合自旋相互作用，即

$$E^{xc}(\rho) = E^x(\rho) + E^c(\rho) \tag{1-58}$$

其中，$E^x(\rho)$ 和 $E^c(\rho)$ 分别为交换泛函和相关泛函。1988 年，Becke 给出了基于局域的交换泛函形式[81]

$$E^x_{\text{Becke88}} = E^x_{\text{LDA}} - \gamma \int \frac{\rho^{4/3}\chi^2}{(1+\gamma\sinh^{-1}x)} d^3\vec{r} \tag{1-59}$$

式中 $\chi = \rho^{-4/3}|\nabla\rho|$，$E^x_{\text{LDA}}$ 是 Local 交换泛函，表达式为

$$E^x_{\text{LDA}} = -\frac{3}{2}\left(\frac{3}{4\pi}\right)^{1/3}\int \rho^{4/3} d^3\vec{r} \tag{1-60}$$

比较常用的 B3LYP 方法的泛函形式为

$$E^{xc}_{\text{B3LYP}} = E^x_{\text{LDA}} + c_0(E^x_{\text{HF}} - E^x_{\text{LDA}}) + c_x \Delta E^x_{\text{B88}} + E^c_{\text{VWN3}} + c_c(E^c_{\text{LYP}} - E^c_{\text{VWN3}}) \tag{1-61}$$

通过调节参数 c_0，c_x 和 c_c 的值，可以优化控制交换能和相关能修正。

1.5.3　相对论效应

在元素周期表中，原子按原子序数 Z 的次序周期地排列。轻元素的相对论效应主要表现在光谱上，因为它们十分微弱，在化学上可予以忽略，用非相对论的薛定谔方程就可以成功地描述原子、分子的性质，解释许多重要的物理、化学现象。然而重原子的原子核的核电荷数十分大，其内层电子的运动速度接近光速，相对论效应十分明显，并且随着原子序数的增加，相对论效应也越来越显著。一些研究结果表明：相对论效应对重原子以及含重原子的原子簇、分子的光谱性质、化学性质具有明显的影响[82]。因此用考虑相对论效应的方法研究重原子体系是十分必要的。目前认为由 $Z<10$ 的原子组成的分子，可以不考虑相对论效应，$Z>30$ 的原子，相对论效应是显著的，必须加以考虑。

1.5.3.1　相对论效应简介

Pyykkö 曾定义[83]相对论效应为有限光速（ $c = 3.0\times10^8$ m/s ）与无限光速（ $c \to \infty$ ）相互比较所产生的差别。对原子体系，相对论效应表现为：

（1）自旋-轨道耦合

由于电子自旋磁矩和轨道磁矩之间的磁相互作用而导致轨道能级分裂。除了 s 能级外，其余的非相对论的 p，d，f 能级都分裂为相对论的两个能级，这已由实验观测所证实。p 亚层分裂为 p1/2 和 p3/2 两个亚层，d 亚层分裂为 d3/2 和 d5/2 两个亚层等，而且这种分裂与$(Z^*)^4/n^3$成正比。

（2）p1/2 轨道径向收缩和能量降低

相对论推得物质质量 m 的表达式为：

$$m_e = m_0 \Big/ \sqrt{1-(v/c)^2} \qquad (1\text{--}62)$$

式中 m_0 为物质的静止质量，即 $v=0$ 时物质的质量，v 为物质运动的速度，c 为光速。显然，物质的质量随着它的运动速度的增加而增加，原子中越接近原子核的区域，电子速度越高，越接近光速。s 轨道上的电子离核最近，因此速度最高，相对论质量增加最大，这可由下式得出。

依据玻尔半径公式

$$a_0 = (4\pi\varepsilon_0)(\hbar^2/m_e e^2) \qquad (1\text{--}63)$$

可见，随 s 电子的质量增大，轨道平均半径比非相对论性的小，即 s 轨道收缩，稳定性增强，p 壳层也存在收缩，但收缩程度不及 s 轨道，其中 p1/2 轨道的收缩程度比 p3/2 的大。

（3）外层 d 轨道和所有 f 轨道的径向扩展和能量升高

由于 s 和 p 电子的相对论性收缩，增大了对穿透本领很小的外层 d 和 f 电子的屏蔽作用，使后者的有效核电荷减少、轨道膨胀、能量升高、稳定性降低，而外层 d 和 f 电子的相对论膨胀削弱了它自身的屏蔽作用，增大了外层 s 轨道和 p1/2 轨道的有效核电荷，加强了后者的收缩，两种效应相互促进，使它们价层轨道都很大。

1.5.3.2 相对论计算方法

在单电子和 Born-Oppenheimer 近似的基础上，人们相继发展了各种相对论计算方法，比较常见的方法有 Dirac 方程的完全数值解、DF-LCAO 方法和赝势方法，赝势方法也称模型势方法，是一种重要的量子化学方法，主要用于大分子，特别是含重原子的化合物、原子簇。

赝势[84]（Pseudopotential）方法是基于核电子和价电子可以分开考虑的事实，对核电子做精确的相对论处理，对价电子做相对论（或非相对论）处理，从而大大提高计算速度。本节介绍相对论的 PP 方法，关于非相对论的 PP 理论可查阅文献[85]。

对 n_c 个核电子和 n_v 个价电子构成的原子体系，总波函数可写成

$$\Psi = P\{\Phi_c \Phi_v\} \tag{1-64}$$

核电子和价电子波函数 Φ_c 和 Φ_v 是由四分量的 Dirac-Fock 原子旋子（atomic spinor）的 Slater 行列式构成

$$\phi_{nkm} = \frac{1}{r}\begin{bmatrix} P_{nk}(r)\chi_{km}(\theta,\varphi) \\ Q_{nk}(r)\chi_{-km}(\theta,\varphi) \end{bmatrix} \tag{1-65}$$

这里

$$\chi_{km}(\theta,\varphi) = \sum_{\sigma=\pm\frac{1}{2}} c\left(l,\frac{1}{2},j\,;m-\sigma,\sigma\right) Y_l^{m-\sigma}(\theta,\varphi)\varphi_{\frac{1}{2}}^{\sigma} \tag{1-66}$$

$Y_l^{m-\sigma}$ 是球谐函数；$\phi_{\frac{1}{2}}^{\frac{1}{2}} = \begin{pmatrix} 1 \\ 0 \end{pmatrix}$ 和 $\phi_{\frac{1}{2}}^{-\frac{1}{2}} = \begin{pmatrix} 0 \\ 1 \end{pmatrix}$ 是 Pauli 旋子；$c\left(l,\frac{1}{2},j;m-\sigma,\sigma\right)$ 为 C-G 系数。假设所有的核旋子和价旋子都是正交的，则系统总能量可写成

$$E = <\Phi_v \mid \hat{H}_R^V \mid \Phi_v > + E_{\text{core}} \tag{1-67}$$

这里

$$E_{\text{core}} = 2\sum_c <\varphi_c \mid \hat{h}_D \mid \varphi_c > + \sum_c \sum_{c'} (2J_{cc'} - K_{cc'}) \tag{1-68}$$

相对论的 Hamilton 量 $\hat{H}_R^V$ 等于

$$\hat{H}_R^V = \sum_{V=1}^{n_V}\left\{\hat{h}_D + \sum_c [J_c(V) - K_c(V)]\right\} + \frac{1}{2}\sum_{V'\neq V}\frac{1}{r_{VV'}} \tag{1-69}$$

$\hat{h}_D$ 为 Dirac Hamilton 量，$\hat{h}_D = c\alpha \cdot p + \beta'c^2 - Z/r$；$Z$ 是原子核电荷；α 和 β' 分别为 $\alpha = \begin{pmatrix} 0 & \sigma^P \\ \sigma^P & 0 \end{pmatrix}$ 和 $\beta' = \begin{pmatrix} 0 & 0 \\ 0 & -2I \end{pmatrix}$，$\sigma$ 为 Pauli 矩阵。

赝势方法的基本思想就是用一个等效的相对论 Hamilton 量模型 $\hat{H}_R^m$ 来代替相对论价 Hamilton 量 $\hat{H}_R^V$，即把式（1-69）写成

$$\hat{H}_R^m = \sum_V\left\{c\alpha_V p_V + \beta'_V c^2 - \frac{Z_{\text{eff}}}{r_V} + U^{\text{EP}}(V)\right\} + \frac{1}{2}\sum_{V'\neq V}\sum_{V'}\frac{1}{r_{VV'}} \tag{1-70}$$

式中 U^{EP} 就是等效势（EP），是 4×4 矩阵；$Z_{\text{eff}} = Z - n_e$，为等效电荷。

这里假定了 EP 的径向部分对角动量高于核中旋子的所有旋子都相同；利用投影算符的封闭性，可写出 U^{EP} 的矩阵形式

$$U^{\mathrm{EP}} = \begin{bmatrix} U_K^P(r) & & & \\ & U_K^P(r) & & 0 \\ & & U_{-K}^Q(r) & \\ 0 & & & U_{-K}^Q(r) \end{bmatrix} + \tag{1-71}$$

$$+ \begin{bmatrix} \sum U_{\kappa-K}^P(r)|km><\kappa m| & 0 \\ 0 & \sum U_{\kappa+K}^Q(r)|-km><-km| \end{bmatrix}$$

式中

$$U_{k-K}^P(r) = U_k^P(r) - U_K^P(r), \quad U_{-k+K}^Q(r) = U_{-k}^Q(r) - U_{-K}^Q(r) \tag{1-72}$$

式（1-71）中 $|km>$ 即式（1-65）的 $\chi_{km}(\theta,\varphi)$，求和遍及所有核中原子旋子的量子数 k 和 m。若 L 是核外旋子的最小量子数，那么式（1-71）和式（1-72）中的 K 可定义为

$$K = J + 1/2，当 J = L - 1/2$$
$$K = -(J + 1/2)，当 J = L + 1/2$$

由等效的相对论 Hamilton 量式（1-70）和等效势式（1-71）得出价赝旋子径向微分方程

$$\frac{\mathrm{d}}{\mathrm{d}r}\begin{bmatrix} P_A^V(r) \\ Q_A^V(r) \end{bmatrix} = \begin{bmatrix} -\dfrac{k}{r} & \left(\dfrac{2}{\alpha}\right) + \alpha\left(\varepsilon_A^V - V_A^Q(r)\right) \\ -\alpha\left(\varepsilon_A^V - V_A^Q(r)\right) & \dfrac{k}{r} \end{bmatrix}\begin{bmatrix} P_A^V(r) \\ Q_A^V(r) \end{bmatrix} + \begin{bmatrix} \chi_A^Q(r) \\ \chi_A^P(r) \end{bmatrix}$$

$$\tag{1-73}$$

这里 $\alpha \approx 1/137$ 是精细结构常数。$P_A^V(r)$ 和 $Q_A^V(r)$ 是具有量子数 k 的价赝旋子的最低和最高分量。$V_A^{Q,P}(r)$ 代表核电子等效势和价电子 Coulomb 相互作用的和，其形式为

$$V_A^P = -\frac{Z_{\mathrm{eff}}}{r} + U_K^P(r) + U_{k-K}^P(r) + \sum_B \sum_k a^k(A;B)Y^k(A;B) \tag{1-74}$$

$$V_A^Q = -\frac{Z_{\mathrm{eff}}}{r} + U_{-K}^Q(r) + U_{-k+K}^Q(r) + \sum_B \sum_k a^k(A;B)Y^k(A;B) \tag{1-75}$$

交换项为

$$(r/\alpha)\chi_A^{P,Q}(r) = \sum_{B \neq A}\left\{\varepsilon_{AB}^V + \sum_k b^k(A,B)Y^k(A,B)\right\}P_B^V\,(or\,Q_B^V)$$

$$+ \sum_k c^k(A, B; C, D) Y^k(C, D) P_B^V (or Q_B^V) \tag{1-76}$$

$$Y^k(A, B) = 1/r^k \int_0^r F(s) s^k ds + r^{k+1} \int_r^\infty F(s) / s^{k+1} ds \tag{1-77}$$

$$F(s) = P_A^V(s) P_B^V(s) + Q_A^V(s) Q_B^V(s) \tag{1-78}$$

文献[86, 87]报道了一些原子的赝势。相对论赝势（RPP）方法是目前唯一在 ab initio 水平上对团簇等较大体系进行计算的方法。

1.5.4 振动频率的计算

作为分子势能面上的一种特殊的表征方法，振动频率扮演着十分重要的角色。首先，振动频率可以用来确定势能面上各点的性质，即可以区分全部为正频率的局域极小点（local minima）或存在一个负频的鞍点、两个负频的二阶鞍点；其次，振动频率可以确认稳定的但又有高的反应活性或者寿命短的分子；最后，计算得到的正则振动频率可以按统计力学方法给出稳定分子的热力学性质，例如被实验化学家们广泛使用的熵、焓、平衡态同位素效应以及零点振动能估测等。分子的振动涉及由化学键连接的原子之间相对位置的移动。根据 Born-Oppenherimer 原理，可以把电子运动与核运动分离开考虑。分子内化学键的作用使得各原子核处于能量最低的平衡构型并在其平衡位置附近以很小的振幅振动，我们可把振动与运动尺度相对较大的平动和转动分离开来，从而核运动波函数近似分离为平动、转动和振动三个部分。对于一个由 N 个原子组成的分子，忽略势能高次项，在其平衡态附近原子核的振动总能量可近似表述为：

$$E = T + V = \frac{1}{2} \sum_{i=1}^{3N} \dot{q}^2 + V_{\text{eq}} + \sum_{i,j=1}^{3N} \left(\frac{\partial^2 V}{\partial q_i \partial q_j} \right)_{\text{eq}} q_i q_j \tag{1-79}$$

式中 $q_i = M_i^{1/2}(x_i - x_{i,\text{eq}})$，$M_i$ 为原子质量，$x_{i,\text{eq}}$ 为核的平衡位置坐标，x_i 代表偏离平衡位置的坐标，V_{eq} 为平衡位置的势能，可取为势能零点。

按照 Lagrange 方程 $\frac{\mathrm{d}}{\mathrm{d}t}\left(\frac{\partial T}{\partial \dot{q}_i} \right) + \frac{\partial V}{\partial q_i} = 0$，$i = 1, 2, \cdots, 3N$ 代入 T 和 V 的表达式则有微分方程：

$$\sum_{j=1}^{3N} \ddot{q}_j = -\sum_{i=1}^{3N} f_{ij} q_i \ (i, j = 1, 2, \cdots, 3N) \tag{1-80}$$

式中 $f_{ij} = \left(\dfrac{\partial^2 V}{\partial q_i \partial q_j} \right)_{eq}$ 为力常数矩阵 F 的矩阵元，f_{ij} 可由势能一阶导数的数值微商或解析的二次微商得到，最后可得到久期方程：

$$\sum_{j=1}^{3N} \left(f_{ij} - \lambda \delta_{ij} \right) C_j = 0 \qquad （1-81）$$

其中 $\delta_{ij} = 1$（$i = j$ 时）或 $\delta_{ij} = 0$（$i \neq j$ 时）。当久期行列式 $|F - \lambda I| = 0$ 时 C_j 才有非零的解，式中 I 为单位矩阵。解此本征方程可求出本征值 λ 和相应的本征矢量。各原子以相同的频率和初相位绕其平衡位置做简谐振动并同时通过其平衡位置，这种振动叫作正则振动。方程（1-81）是利用标准方法求得 $3N$ 个正则模式下的频率模式，其中 6 个（对于线性分子为 5 个）频率值趋于零，其物理意义是扣除了平动和转动自由度。

一般来讲，有 N 个原子构成的反应体系的势能面将与 $3N-6$（对于直线体系为 $3N-5$）个独立变量有关，即 $E(q_1, q_2, \cdots, q_{3N-6})$。反应物、生成物和过渡态均是此 $3N-6$ 维构型空间中超曲面上的极值点，在极值点处能量梯度 $\partial E/\partial q_i$ 值满足条件：$\partial E/\partial q_i = 0$ $(i = 1, 2, \cdots, 3N-6)$。

为了描述这些极值点，还需要该点附近的曲面曲率信息，必须进一步做出势能的二级微商 $\partial^2 E/\partial q_i \partial q_j$。一般情形下这些量构成 $3N-6$ 维的矩阵 H，称为 Hessan 矩阵。

$$H = \begin{bmatrix} \dfrac{\partial^2 E}{\partial^2 q_1^2} & \dfrac{\partial^2 E}{\partial q_1 \partial q_2} & \cdots & \dfrac{\partial^2 E}{\partial q_1 \partial q_{3N-6}} \\ \dfrac{\partial^2 E}{\partial q_2 \partial q_1} & \dfrac{\partial^2 E}{\partial^2 q_2^2} & \cdots & \dfrac{\partial^2 E}{\partial q_2 \partial q_{3N-6}} \\ \cdots & \cdots & \cdots & \cdots \\ \dfrac{\partial^2 E}{\partial q_{3N-6} \partial q_1} & \dfrac{\partial^2 E}{\partial q_{3N-6} \partial q_2} & \cdots & \dfrac{\partial^2 E}{\partial^2 q_{3N-6}} \end{bmatrix} \qquad （1-82）$$

通过质量权重简正坐标的正交变换可以使 Hessan 矩阵对角化，求出其全部本征值并得到相应的简正坐标集 Q_i $(i = 1, 2, \cdots, 3N-6)$。Hessan 矩阵的本征值 $\partial^2 E/\partial Q_i^2$ 对应于体系简正振动的力常数 f_{ii}。对于势能面上极小区，在简正坐标系统中应满足条件：$\partial^2 E/\partial Q_i^2 > 0$ $(i = 1, 2, \cdots, 3N-6)$，即所有的力常数都具有正值，从该点出发做任一小位移都将导致体系能量升高。因此该区与稳定体系构型相对应。若势能面上的临界点处有唯一的一个负本征值，即

$$\partial^2 E/\partial Q_i^2 < 0,\ \partial^2 E/\partial Q_i^2 > 0 \ (j = 1, 2, \cdots, 3N-6; i \neq j) \qquad （1-83）$$

则此一级临界点为"鞍点"，其几何构型具有反应过渡态的特征。该负本征值对应于体系的"虚"的正则振动频率 ν_j。此负本征值对应的本征向量决定了反应体系翻越鞍点反应途径的方向与对称性。

1.6 研究目的和主要研究内容

1.6.1 研究目的

团簇的研究是凝聚态物理中的一个热门课题，而确定团簇的基态结构和能量是该领域中一项十分重要的基础性工作，因为团簇许多方面的性质都依赖于团簇的基态结构和能量。到目前为止，实验上还不能确定团簇的几何构型，所以，理论上确定其稳定构型显得十分必要[88]。从头算方法由于精确度很高而成为小团簇构型计算的重要方法。

本书采用从头算方法对 $M^+(H_2O)Ar_{0-2}$（$M = Cu$，Ag，Au）、$M^+(H_2O)_{2,3}Ar$（$M = Cu$，Ag，Au）、$M^+(H_2O)Rg$（$M = Cu$，Ag，Au；$Rg = Ne$，Kr）、$M^{\delta}(H_2O)_{1,2}$（$M = Cu$，Ag，Au；$\delta = 0, -1$）以及 $Cu^{2+}(H_2O)Ar_{1-4}$ 的几何结构、振动频率和结合能等进行了研究，并给出了团簇理论计算得到的红外光谱，为实验上 $M^+(H_2O)_n$ 的红外解离光谱的研究提供理论数据，并且振动频率和 OH 伸缩模式强度的研究对识别实验中未知分子团簇的结构有很大的作用。可见，本课题可以从理论上解释实验的新结果和新现象，并能预言新的有价值的水合离子团簇的结构和特性，为实验上合成和应用提供理论依据，进一步丰富团簇的研究领域。

1.6.2 主要研究内容

本书利用 Gaussian 程序[89]，采用考虑电子相关效应的动态相关方法以及考虑重元素的相对论效应的赝势模型，适当地选用基组，对水合贵金属阴离子、中性和阳离子团簇 $M^{\delta}(H_2O)_{1,2}$（$M = Cu$，Ag，Au；$\delta = -1, 0, 1$）、$M^+(H_2O)Rg$（$M = Cu$，Ag，Au；$Rg = Ne$，Ar，Kr）、$M^+(H_2O)Ar_2$（$M = Cu$，Au）、$M^+(H_2O)_2Ar$（$M = Cu$，Ag，Au）及 $Cu^{2+}(H_2O)Ar_{1-4}$ 进行了系统的研究。

主要研究内容包括：

（1）对水合贵金属阳离子团簇 $M^+(H_2O)$（$M = Cu$，Ag，Au）的几何结构、

振动频率和结合能进行了研究。首先利用 MP2 方法对 H_2O 和 $M^+(H_2O)$（M = Cu，Ag，Au）进行几何优化，确定了团簇的基态结构并计算了振动频率。对于基态稳定结构，利用 CCSD(T) 方法计算了水合贵金属阳离子团簇 $M^+(H_2O)$（M = Cu，Ag，Au）的结合能并分析了贵金属离子和水分子之间的相互作用。在对 $M^+(H_2O)$（M = Cu，Ag，Au）团簇研究的基础上，对 $M^+(H_2O)Rg$（M = Cu，Ag，Au；Rg = Ne，Ar，Kr）的结构和相互作用进行了研究。采用 MP2 方法对 $M^+(H_2O)Rg$ 的几何结构进行优化，得到基态结构，计算得到系统的红外光谱并和实验值进行比较，分析了 Ar 原子的加入对 $M^+(H_2O)$（M = Cu，Ag，Au）振动频率的影响。另外，利用 CCSD(T) 方法计算了 $M^+(H_2O)Rg$ 团簇的 Ar 原子结合能，从理论上解释了能否通过单光子吸收使 $M^+(H_2O)Rg$（M = Cu，Ag，Au；Rg = Ne，Ar，Kr）解离而得到红外光解光谱。

（2）研究了 $M^+(H_2O)Ar_2$（M = Cu，Au）结构的稳定性及红外光谱，分析了加入两个 Ar 原子能否获得 $M^+(H_2O)$（M = Cu，Au）的红外光谱，以及两个 Ar 原子对 $M^+(H_2O)$（M = Cu，Ag，Au）振动频率的影响。此外，利用 MP2 方法对 $M^+(H_2O)_{2,3}$（M = Cu，Ag，Au）的几何结构和振动频率进行了计算和分析，并且使用 CCSD(T) 方法计算了 $M^+(H_2O)_{2,3}$（M = Cu，Ag，Au）第二个水分子的结合能，在此基础上，对 $M^+(H_2O)_{2,3}Ar$ 的几何结构和振动频率进行了研究，并与 $M^+(H_2O)_2$ 的振动频率、结合能等进行比较，进一步分析了 Ar 原子对 $M^+(H_2O)_{2,3}$ 的几何结构、振动频率和稳定性等方面的影响。

（3）使用 MP2 和 CCSD(T) 方法系统地研究了水合贵金属阴离子、中性团簇 $M^\delta(H_2O)_2$（M = Cu，Ag，Au；$\delta = 0, -1$），通过团簇的各种初始几何构型的优化，给出最稳定的基态几何构型，并对这些稳定构型的振动频率和结合能进行计算和分析。

（4）通过理论计算给出了 $Cu^{2+}(H_2O)$ 的水分子结合能，单个红外光子不能使 $Cu^{2+}(H_2O)$ 发生解离。为了通过单光子激发获得 $Cu^{2+}(H_2O)$ 的红外光谱，需要采用添加 Ar 原子的方法达到单光子有效解离的目的。本章对 $Cu^{2+}(H_2O)_{1\sim4}$ 所有可能的异构体结构进行了分析，并详细研究了 Ar 原子对团簇红外光谱的影响。

主要创新之处：①从理论上解释了 $M^+(H_2O)_2Ar_2$（M = Cu，Ag，Au）和 $Ag^+(H_2O)Ar$ 红外光解光谱的实验现象，并预言了 $M^+(H_2O)Ne$（M = Cu，Ag）红外光解光谱存在的可能性；②首次给出了含惰性气体原子的金离子水合团簇

$Au^+(H_2O)Rg$（$Rg = Ne$，Ar，Kr）、$Au^+(H_2O)Ar_2$ 和 $Au^+(H_2O)_2Ar$ 结构的稳定性和振动频率，对以后研究含 Au 水合团簇结构和红外光谱具有很高的参考价值；③给出了中性和负离子贵金属水合团簇 $M^\delta(H_2O)_2$（$M = Cu$，Ag，Au；$\delta = 0$，-1）异构体的构型，并确定其稳定结构，此部分研究使贵金属水合作用的研究进一步系统化，为了解水合过程提供了重要的理论信息。

第 2 章

M⁺(H₂O)Rg（M=Cu，Ag，Au；Rg=Ne，Ar，Kr）体系的从头算研究

$M^+(H_2O)Rg$（M=Cu，Ag，Au；Rg=Ne，Ar，Kr）体系的从头算研究

2.1 引言

　　阳离子的水合作用是日常生活和环境中最基本的现象，在配位化学、电化学、反应机理、纳米化学等领域中广泛起着作用。特别是金属离子的水合现象对理解无机和生物无机分子系统的配位现象是至关重要的。而贵金属离子具有完全占据的 d 轨道和空的 s 、p 轨道，Cu^+，Ag^+和 Au^+的最高占据轨道和最低非占据轨道之间的能量差分别是 4.64eV、6.46eV、4.69 eV[20]，与具有相似半径的碱金属离子和碱土金属离子相比，贵金属离子的最高占据轨道和最低非占据轨道之间的能量差较小，贵金属离子 Cu^+，Ag^+，Au^+还具有较低的电离能和较高的电子亲和能，而且贵金属的相对论效应非常显著，因此贵金属离子的水合反应成为近些年来研究的热点。

　　目前，已经有一些关于水合贵金属离子团簇的理论研究，但是水合贵金属离子团簇结构方面的实验信息是很有限的。近些年来，因为水分子的 OH 伸缩频率灵敏地随着结合环境而变化，红外光谱特别是红外光解光谱成为得到系统的几何结构方面信息的重要方法，从而被广泛地应用到研究水合离子团簇中。

1997 年，Lisy 等人[26-29]在研究水合碱金属离子团簇时首次将红外光解光谱方法应用到金属离子/基体体系中。从 2002 年开始，Duncan 和 Walters 等人[30-40]利用激光蒸发团簇源将红外光解光谱广泛应用到一些过渡金属/基体复合物中。2004 年，Inokuchi[90,91]研究小组对 $Mg^+(H_2O)$ 和 $Al^+(H_2O)$ 进行了类似的研究。最近，红外光解光谱方法被用来研究水合贵金属离子团簇 $Cu^+(H_2O)_n$ 和 $Ag^+(H_2O)_n$ 体系[60,92-94]。

2007 年，Iino 等人[60]使用激光蒸发团簇源获得了水合贵金属离子 $M^+(H_2O)_n$，通过记录 $M^+(H_2O)_{n-1}$ 碎片离子来得到 $M^+(H_2O)_n$ 的光谱，但研究者发现通过单光子吸收使 $M^+(H_2O)_n\cdots H_2O$ 发生解离是不可能的，Iino 等人采用加入氩原子的方法来解决这个问题。图 2-1 和图 2-2 给出了实验测得的 OH 伸缩频率范围的 $Ag^+(H_2O)Ar$ 和 $Cu^+(H_2O)Ar$ 的红外光解光谱，对于 $Ag^+(H_2O)Ar$ 的红外光解光谱，在 $3627\ cm^{-1}$ 处观测到一个强峰，而在 $Cu^+(H_2O)Ar$ 的红外光解光谱中只观测到一个从 $3500\ cm^{-1}$ 到 $3650\ cm^{-1}$ 的宽峰。另外，Iino 等人采用密度泛函（DFT）方法对 $M^+(H_2O)_n$ 和 $M^+(H_2O)_nAr$（M=Cu，Ag）理论的红外光谱进行了计算，并将振动频率和红外吸收强度与实验光谱进行了比较。

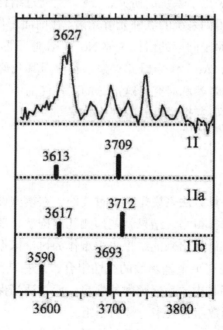

图 2-1　实验测得的 $Ag^+(H_2O)Ar$ 的红外光解光谱和 DFT 方法计算得到的 OH 伸缩频率[60]

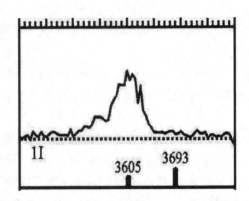

图 2-2 实验测得的 Cu⁺(H₂O)Ar 的红外光解光谱和 DFT 方法计算得到的 OH 伸缩频率[60]

虽然实验上给出了 $Cu^+(H_2O)Ar$ 和 $Ag^+(H_2O)Ar$ 的红外光谱以及振动频率的理论值，但未研究体系的结构稳定性和相互作用等方面的详细信息，关于这个体系的其他理论很少，因此我们选择 $Cu^+(H_2O)Ar$ 和 $Ag^+(H_2O)Ar$ 体系作为研究对象，并且首次对 $Au^+(H_2O)Ar$ 做出了系统的研究，在理论上通过结合能的分析解释了为什么加入 Ar 原子后可以得到系统的红外光解光谱。在前面工作的基础上，本章又选择元素周期表中与 Ar 原子同族的惰性气体 Ne 和 Kr 原子形成的 $M^+(H_2O)Ne$ 和 $M^+(H_2O)Kr$（M=Cu，Ag，Au）作为研究对象，首次对其几何结构和惰性气体原子结合能等进行了系统的考察和研究。这部分的工作使前一部分的工作更加系统化，为实验上红外光谱的研究提供重要的理论数据。

2.2 基组

基函数的选择对从头算方法来说是至关重要的，在模型设计和方法选择正确的情况下，如果基函数选择得当，结果就能预测几何构型、解释实验现象等，但如果基函数选择得不好，计算出来的结果也很难作为讨论依据。在实际计算中，总是将分子轨道展成一组有限个基函数的线性组合，这些基函数主要是由 Gauss 函数构成。为了减少基函数中 Gauss 函数的数目，而又适当保持计算的精确度，常将不同个数的 Gauss 函数组合起来，称为基组。

2.2.1　最小基组

在基态每个占有的原子轨道仅由一个 STO（slater type obital）基函数表示的基组，称为最小基组。将其用于计算，一般能满意地预测分子几何构型，也能给出相似分子的某些性质的相对值及变化趋势。但是，通常不能给出有定量意义的结果。一般用于从头算方法，甚至用于较大分子的计算及原子变形较大的分子的计算。

2.2.2　收缩的 Gauss 函数基组

如果将一定数目的 Gauss 函数 $\{g_i\}$ 组合成一个新的函数 χ^k：

$$\chi^k = \sum_{i=1}^{n} d_{ki} g_i(a_i) \ (k=1,2,\cdots,m) \tag{2-1}$$

式中：d_{ki} 为系数，要选择适当的固定数值，参数 a_i 也是固定的。g_i 表示 Gauss 函数，称为收缩的 Gauss 函数。因为新函数 χ^k 在计算中视为一个基，它代替几个 g_i 进行计算，GTO（gauss type obital）积分数目没有减少，但需要存储的分子积分数目（现在按 χ^k 计算）则少了许多，故减少了基函数个数，节约了计算机内存，同时使自洽迭代加快。收缩后的基函数个数大为减少，从而使计算时间显著减少。但从能量比较可以看出两者相差很小。

2.2.3 Slater–Gauss 系基组

直接采用收缩的 Gauss 基组作为基函数计算体系的能量虽然具有快速而又较准确的优点，但由于 Gauss 函数所描述的电子运动状态与其真实图像相差较大，因此不能把 GTO 与通常的化学键概念中的原子轨道相联系，而 STO 能较正确地描述电子的运动状态，但计算需要大量的时间。希望组建一种基组，其具有两者的优点，又克服两者的不足。通常采用 GTO 逼近 STO 的方法，即每个 STO 用若干个 GTO 的线性组合来表示（一般 3~6 个），这样的 GTO 称为原始 Gauss 函数：

$$\chi_{STO} = \sum_{i} d_i g_i(a_i) \tag{2-2}$$

这种展开也称为 Gauss 函数收缩，收缩即为线性组合之意。展开式的系数 d_i 由适宜程序的最小二乘法决定，指数函数 a_i 预先进行优化选择，在计算中保持为常数。

这里 STO 作为基函数，而 GTO 仅作为中间的数学工具。这样构成的基组统称为 STO-GTO 系基组，常用的有以下几种。

（1）STO-NG 基组

将 Slater 函数表示成 N 个 Gauss 函数的线性组合，这样的基组通常用 STO-NG 表示。例如，当 N=3 时，就称为 STO-3G 基组。应用 STO-NG 基组计算量大为减少，而计算精确度损失不大。不过由于系数固定，不能适应分子环境的改变而造成原子轨道的变化，为了提高 STO-NG 的计算质量，引入双 ζ 基组。

（2）双 ζ 基组

将原来一个 STO 由两组不同 ζ 的 STO 函数代替，因为一个 STO 不能精确地描述原子轨道，所以改为两个 STO。由于 STO 的个数增加了 1 倍，计算结果大为改善。通常内壳层用极小基组，价壳层用双 ζ 基组。

（3）劈裂价基组

劈裂价基组是从头计算法中最常用的基组，由 Pople 等发展起来，称为 N-N′N″G 基组。对于原子的内层与价层原子轨道，用不同的基组拟合。名称中的 N 表示内层用一个 STO-NG 基组拟合，即一个 STO 由 N 个 Gauss 展开。因为价层原子轨道在形成化学键时受到较大影响，采用双 ζ 基组拟合，即将价轨道劈裂成两部分，一部分所用 STO 由 N' 个 Gauss 函数展开，另一部分用 N'' 个 Gauss 函数展开。采用劈裂价基组增加了基组的柔韧性，可用来表示因分子结构参数的变化而变化的原子轨道。

（4）极化函数

对于极性分子，由于正、负电荷中心不重合，引起电子云变形。显然，用上面介绍的基组描述极性大的分子会产生较大的偏差。对于小分子，为了提高精度，需要增加分子的柔韧性，在价层基组中加入极化函数。所谓极化函数就是角量子数高于占有原子轨道的最高角量子数的轨道，即外层轨道。一般来说，加入极化函数能够明显改善计算结果。

（5）弥散函数

有些分子或离子具有高弥散性电子密度，如阴离子、分子间氢键或激发态电子，它们常需要计入弥散函数。弥散函数与极化函数不同，具有很小的指数参数，以便能够合适地表示远离核的电子密度。

Gaussian03 计算程序包中储存了一组"标准基组"函数，如 STO-3G[95,96]、6-31G[97-102]、LanL2DZ[103,104]、SDD[105-110]和 cc-pVnZ（n=D，T，Q，5，6）[111-113]

等等，这些基组可以用 Gaussian03 程序执行路径部分所包含的关键词来调用，其中 cc-pVnZ（n=D, T, Q, 5, 6）这些基组在定义中包含了极化函数并且可以通过给基组关键字添加 AUG-前缀，用弥散函数增大基组。除此之外，还可以用 Gen 关键词允许 Gaussian03 中使用用户自定义的基组。本书计算中就用 Gen 关键词对贵金属 Cu、Ag 和 Au 原子自定义了基组。

2.3 计算方法和基组的选择

由于贵金属元素相对论效应显著，因此对贵金属 Cu、Ag 和 Au 用相对论赝势方法和相应的基组。对于 Cu 和 Ag，分别使用了 19 个价电子的能量可调的 Stuttgart 相对论赝势（relativistic pseudopotentials）[114]和准相对论赝势（quasirelativistic pseudopotentials）[115]，相应的价电子基组为(8s6p5d)/[7s3p4d]。对于 Au 原子使用了 19 个价电子（5s25p65d106s1）的相对论 Stuttgart 有效小核实赝势（ECPs）[116]，其价电子基组为(8s6p5d)/[7s3p4d]。Pyykkö等人发现，为了精确描述包含贵金属的相互作用能，有必要在贵金属 Cu、Ag、Au 基组中添加两种 f-型极化函数，在 Au 原子基组中额外增加一个 g 函数对计算的键能有很大的影响，因此对于 Cu 和 Ag 原子，在上面基组的基础上添加两个 f 函数（Cu：0.24 和 3.7；Ag：0.22 和 1.72），对于 Au 原子，在价电子基组基础上添加两个 f 函数（0.20 和 1.19）[117]和一个 g 函数（1.1077）[118]。

为了选择合适的计算方法和基组，使用 HF、MP2 和 B3LYP 方法并对 H₂O 分子采用 6-311++G**，aug-cc-pVDZ 和 aug-cc-pVTZ 研究了 M⁺(H₂O)（M=Cu, Ag, Au）的结合焓，将其与实验值进行了比较，数据列于表 2-1 中。

从表 2-1 中结合焓的实验值和理论值比较的数据可以发现，Hartree-Fock 方法得到的结合焓要比实验值小得多，这是因为在分子轨道理论中，Hartree-Fock 方法是在某种平均意义上研究电子的运动，即每个电子感受到的是一个平均电子密度，但忽略了自旋相反电子运动的瞬时效应而引起的效应。可以看出，电子相关效应对体系的影响是非常大的。通过 MP2 和 B3LYP 两种方法得到的结合焓的值和实验值比较可以看出，MP2 方法水平下，对 H 和 O 原子采用全电子基组 6-311++G** 和 aug-cc-pVDZ 时得到的结果与实验结果较符合。

本章采用 MP2 方法对 M⁺(H₂O)（M=Cu, Ag, Au）和 M⁺(H₂O)Rg（M=Cu, Ag, Au; Rg=Ne, Ar, Kr）体系的几何结构进行了优化并计算了体系的振动频率，

并采用耦合簇方法计算了系统基态的几何结构的单点能。而对于 O, H, Ne 和 Ar 原子使用全电子基组 6-311++g** 和 aug-cc-pVDZ, 对于 Kr 原子采用了 Gaussian 程序自带的 8 个价电子的相对论有效核实势 SDD 来描述核实电子, 价电子采用 (6s6p3d1f)/[4s4p3d1f]基组[120]。为了方便讨论计算结果, $M^+(H_2O)$ (M=Cu, Ag, Au) 和 $M^+(H_2O)Rg$ (M=Cu, Ag, Au; Rg=Ne, Ar, Kr) 体系的基组简单地用 H_2O 的基组 6-311++G** 和 aug-cc-pVDZ 表示。

表 2-1 在不同的方法和基组下计算得到的 $M^+(H_2O)$ (M = Cu, Ag, Au) 的结合焓

基组	方法	复合物		
		$Cu^+(H_2O)$	$Ag^+(H_2O)$	$Au^+(H_2O)$
6-311++G**	HF	31.8	24.3	25.8
	MP2	40.7	33.5	42.9
	B3LYP	42.7	31.6	37.2
aug-cc-pVDZ	HF	31.0	23.1	24.9
	MP2	41.2	32.3	41.8
	B3LYP	42.4	30.9	36.7
aug-cc-pVTZ	HF	31.5	23.1	24.9
	MP2	44.3	35.3	45.1
	B3LYP	42.9	30.9	36.7
Expt.		38.4±1.4[a]	33.3±2.2[b]	40.1±2.3[c]

a: 参考文献[44], b: 参考文献[47], c: 参考文献[119]。

在计算 $M^+(H_2O)Rg$ (M=Cu, Ag, Au; Rg=Ne, Ar, Kr) 体系的相互作用能时, 考虑了基组重叠误差 (basis set superposition error, BSSE)[121-124]。这种误差的产生并非由于物理原因, 而仅仅是因为在相互作用体系中, 其中一个单体的基函数会对另一个单体的基函数产生影响, 使总能量增加, 从而使相互作用能增加。

对 BSSE 校正, 目前公认的行之有效的方法是 Boys 和 Bernardi 提出的均衡校正法[121], 即 Counterpoise (CP) 方法。此时相互作用能的计算公式为:

$$E_{int} = E_{ab}(R, X_{ab}) - [E_a(R, X_{ab}) + E_b(R, X_{ab})] \quad (2-3)$$

即对单体 a, b 的能量的计算, 采用与 ab 体系完全相同的基组。对于单体 a, 计算

其能量时，单体 b 的核电荷数和电子数设为 0，将单体 b 的所有原子用"虚"原子代替，只采用其轨道，从而消除了基组重叠误差。但由于完全的基组重叠误差（100%-BSSE）往往过低地估计系统的结合能，而 50 % 的基组重叠误差（50%-BSSE）的修正值，可能更接近实验值。这里的 50%-BSSE 修正是指100%-BSSE 修正值与 BSSE 的未修正值的和的一半。

2.4 $M^+(H_2O)Ar_{0,1}$（M=Cu，Ag，Au）的理论研究

2.4.1 $M^+(H_2O)$（M=Cu，Ag，Au）的结构和结合能

$M^+(H_2O)$（M=Cu，Ag）和 $Au^+(H_2O)$ 的几何构型如图 2-3 和图 2-4 所示，$Cu^+(H_2O)$ 和 $Ag^+(H_2O)$ 团簇的基态几何结构具有平面的 C_{2v} 对称性，Cu^+、Ag^+ 和 H_2O 之间的相互作用主要是 M^+ 的正电荷和 H_2O 偶极矩之间的静电作用。表 2-2 给出了MP2/aug-cc-pVDZ 水平下计算得到的 $M^+(H_2O)$（M=Cu，Ag，Au）的慕利肯电荷分析，在化合物形成的过程中，Cu^+ 和 Ag^+ 上的电荷从 1.0 电子分别减少到 0.922 电子$[Cu^+(H_2O)]$ 和 0.956 电子$[Ag^+(H_2O)]$，电荷变化量分别为 0.078 电子和 0.044 电子，很明显在 $M^+(H_2O)$（M = Cu，Ag）中 H_2O 的部分孤对电子密度转移到 Cu^+、Ag^+ 中由空的 s 轨道和完全占据的 d 轨道组成的杂化轨道。M^+ 的最低未被占据轨道（LUMO）是 s 轨道，而 Cu^+ 最低未被占据分子轨道（LUMO）能量低于 Ag^+ 的最低未被占据分子轨道能量[125]，因此 Cu^+ 的电荷转移量大于 Ag^+ 的电荷变化值。

图 2-3 $M^+(H_2O)$（M=Cu，Ag）体系的几何结构示意图

图 2-4 $Au^+(H_2O)$体系的几何结构示意图

由图 2-4 可以看出 $Au^+(H_2O)$ 的基态结构具有非平面的 C_s 对称性，Au 原子偏离 H_2O 所在的平面，Au^+ 和 H_2O 之间除了静电作用外还有较大的共价作用。由表 2-2 可知，Au^+ 形成化合物的过程中电荷从 1.0 电子减少到 0.819 电子，可见 Au^+ 电荷减少量 0.181 电子大于 Cu^+ 和 Ag^+ 的电荷减少量，这是由于与 Cu 和 Ag 相比，Au 具有更大的电负性，并且 Au^+ 最低未被占据分子轨道（LUMO）能量低于 Cu^+ 和 Ag^+ 的最低未被占据分子轨道能量[124]，Au^+ 是更强的电子受体，Au^+ 会吸引更多来自 H_2O 的电子密度。

表 2-2 M^+，H_2O 和 $M^+(H_2O)$（M=Cu, Ag, Au）使用 aug-cc-pVDZ 基组计算得到的慕利肯电荷

原子	M^+，H_2O	$Cu^+(H_2O)$	$Ag^+(H_2O)$	$Au^+(H_2O)$
q_{M^+}	1.0	0.922	0.956	0.819
q_O	−0.316	−0.398	−0.436	−0.341
q_H	0.158	0.238	0.240	0.261

表 2-3 给出了 H_2O 和 $M^+(H_2O)$（M=Cu, Ag, Au）的几何参数和结合能，H_2O 分子在 6-311++G** 和 aug-cc-pVDZ 基组下计算得到的 O-H 键分别为 0.0959 nm 和 0.0966 nm，显然贵金属 M^+ 与 H_2O 分子之间的相互作用使得 O-H 键减弱，O-H 键伸长。在 MP2/6-311++G** 的理论水平下，Cu-O，Ag-O 和 Au-O 的键键长分别为 0.1903 nm、0.2214 nm 和 0.2092 nm，与 Feller 等人用 CCSD(T) 方法计算得到的理论数据比较接近，显然 Ag-O 键比 Cu-O 键和 Au-O 键都长，这与 $Ag^+(H_2O)$（127.3 kJ/mol）的结合能小于 $Cu^+(H_2O)$（164.5 kJ/mol）和 $Au^+(H_2O)$（145.3 kJ/mol）的结合能的结果一致。在 MP2/aug-cc-pVDZ 水平下也有同样的趋势存在。显然 $\Delta E(Cu^+\text{-}H_2O) > \Delta E(Au^+\text{-}H_2O) > \Delta E(Ag^+\text{-}H_2O)$，这与 Cu，Ag 和 Au 在元素周期表中的顺序不同。Cu^+，Ag^+ 和 Au^+ 的最低未被占据轨道为 s 轨道，最高被占据轨道为 d 轨道，Cu^+ 和 Au^+ 的 LUMO-HOMO 能隙小于 Ag^+ 的 LUMO-HOMO 能隙，而且与 Ag^+ 相比，Cu^+ 和 Au^+ 的最低未被占据轨道能量接近于 $Cu^+(H_2O)$ 和 $Ag^+(H_2O)$ 的最高占据轨道的能量[19]，因此，$Cu^+(H_2O)$ 和 $Ag^+(H_2O)$ 结合能高于 $Ag^+(H_2O)$ 的结合能。另外，$M^+(H_2O)$（M=Cu，Ag，Au）的结合能远高于频率在 3400~3800 cm^{-1} 范围的红外光子的能量（40.6 kJ/mol~45.6 kJ/mol），因此实验上无法观测到 $M^+(H_2O)$（M=Cu，Ag，Au）的红外光解光谱。在此基础上，本章对加入一个 Ar 原子的水合贵金属阳离子团簇 $M^+(H_2O)Ar$（M=Cu, Ag, Au）进行了详细的研究。

表 2-3 使用 6-311++G**和 aug-cc-pVDZ 基组，在 MP2 水平下计算得到的
M⁺(H₂O)（M=Cu，Ag，Au）的键长 R，总能量 E_t 和 CCSD(T)理论水平下的结合能ΔE

复合物	基组	对称性	E_t/hartree	R_{M-O}/nm	R_{O-H}/nm	ΔE/kJ·mol⁻¹
Cu⁺(H₂O)	A	C_{2v}	−272.8041	0.1903	0.0965	164.5
	B	C_{2v}	−272.7884	0.1907	0.0969	162.0
				0.1908[a]	0.0963[a]	170.8[a]
Ag⁺(H₂O)	A	C_{2v}	−222.5397	0.2214	0.0965	127.3
	B	C_{2v}	−222.5238	0.2212	0.0969	124.3
				0.2210[a]	0.0968[a]	127.3[a], 128.1[b]
Au⁺(H₂O)	A	C_s	−211.5129	0.2092	0.0968	145.3
	B	C_s	−211.4972	0.2109	0.0973	146.9
				0.2143[a]	0.0972[a]	152.4[a], 149.6[c]
H₂O	A	C_{2v}	−76.2749		0.0959	
	B	C_{2v}	−76.2609		0.0966	

① A：6-311++G**，B：aug-cc-pVDZ。
② a：参考文献[54]，b：参考文献[57]，c：参考文献[125]。

2.4.2 M⁺(H₂O)Ar（M=Cu，Ag，Au）的结构和结合能

由于 Ar 原子结合位置的不同，M⁺(H₂O)Ar（M=Cu，Ag，Au）有两个异构体 a 和 b，异构体 a 的结构示意图如图 2-5 所示，Ar 原子直接与 M⁺(H₂O)Ar 中的贵金属离子 M⁺相连。

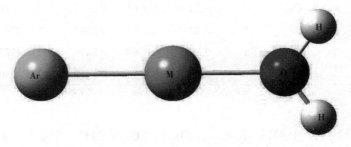

图 2-5 M⁺(H₂O)Ar（M=Cu，Ag，Au）复合物异构体 a 的几何结构示意图

表 2-4 给出了复合物 M⁺(H₂O)Ar（M=Cu，Ag，Au）异构体 a 的几何参数，

同时也给出了 $M^+(H_2O)Ar$ 的 Ar 原子结合能,Ar 原子结合能的计算公式如下:

$$BE=E[M^+(H_2O)Ar]-E[M^+(H_2O)]-E[Ar] \qquad (2-4)$$

其中 $M^+(H_2O)Ar$ 和 $M^+(H_2O)$(M=Cu,Ag,Au)的能量是在 MP2 优化结构基础上利用 CCSD(T)方法得到的单点能,$M^+(H_2O)Ar$ 的能量包含了对基组重叠误差的修正。$M^+(H_2O)Ar$ 的异构体 a 有两个可能的构型,分别具有 C_{2v} 和 C_s 对称性。对于 $Cu^+(H_2O)Ar$,C_{2v} 和 C_s 这两个结构都没有虚频,但 C_{2v} 结构的结合能比 C_s 的结合能略大一些,可见,对称性为 C_{2v} 的结构要略稳定一些。

表 2-4 使用 6-311++G** 和 aug-cc-pVDZ 基组,在 MP2 水平下计算得到的 $M^+(H_2O)Ar$(M=Cu,Ag,Au)异构体 a 的键长 R,总能量 E_t 和 CCSD(T)理论水平下的结合能 ΔE

复合物	基组	对称性	No. IF[a]	R_{M-O}/ nm	R_{O-H}/ nm	R_{M-Ar}/ nm	E_t/ hartree	ΔE/ kJ·mol⁻¹
$Cu^+(H_2O)Ar$	A	C_{2v}	0	0.1861	0.0965	0.2196	−799.7889	60.7
		C_s	0	0.1862	0.0965	0.2196	−799.7889	60.3
	B	C_{2v}	0	0.1870	0.0968	0.2231	−799.7681	52.3
		C_s	0	0.1871	0.0969	0.2231	−799.7681	51.9
				0.1923[b]		0.2305[b]		
$Ag^+(H_2O)Ar$	A	C_{2v}	1	0.2187	0.0964	0.2541	−749.5100	
		C_s	0	0.2188	0.0964	0.2541	−749.5100	31.4
	B	C_{2v}	1	0.2186	0.0968	0.2593	−749.4932	
		C_s	0	0.2188	0.0968	0.2594	−749.4933	29.7
				0.2209[b]		0.2661[b]		
$Au^+(H_2O)Ar$	A	C_{2v}	1	0.2068	0.0965	0.2385	−738.4389	
		C_s	0	0.2077	0.0967	0.2384	−738.4395	60.3
	B	C_{2v}	1	0.2071	0.0969	0.2410	−738.4227	
		C_s	0	0.2079	0.0973	0.2410	−738.4240	56.1

① A:6-311++G**,B:aug-cc-pVDZ。② a:No. IF 表示虚频个数,b:参考文献[60]。

对于复合物 $Ag^+(H_2O)Ar$ 和 $Au^+(H_2O)Ar$ 的 C_{2v} 结构有一个虚频,而 C_s 构型的所有频率都是正的,没有虚频存在,并且 C_s 结构的总能量高于 C_{2v} 结构的总能量,可见 $Ag^+(H_2O)Ar$ 和 $Au^+(H_2O)Ar$ 的基态结构都具有 C_s 对称性。在 $M^+(H_2O)Ar$(M=Ag,Au)的基态结构中,两个 O-H 键的键长相同,$Ag^+(H_2O)Ar$ 和 $Au^+(H_2O)Ar$

中使用 6-311++G**基组计算得到的 O-H 键长度分别为 0.0964 nm 和 0.0967 nm。另外，Ar-M-O 所成的角度近似为 180°，即 Ar，M 和 O 原子接近于直线排列。在 MP2/6-311++G**的水平下，Cu⁺(H₂O)Ar，Ag⁺(H₂O)Ar 和 Au⁺(H₂O)Ar 的 Ar-M 键长度分别为 0.2196 nm、0.2541 nm 和 0.2384 nm，MP2/aug-cc-pVDZ 水平下计算得到的相应值分别为 0.2231 nm、0.2594 nm 和 0.2410 nm。显然，Ar-Ag 键长于 Ar-Cu 键和 Ar-Au 键，这与 Ag⁺(H₂O)Ar（31.4 kJ/mol）的 Ar 原子结合能小于 Cu⁺(H₂O)Ar（60.7 kJ/mol）和 Au⁺(H₂O)Ar（60.3 kJ/mol）的 Ar 原子结合能的结果一致。Iino 等人[60]采用密度泛函（DFT）方法，对 Cu 原子使用 6-311+G(2df)基组，对 Ag 原子使用相对论有效核实基组，而对其他原子使用了 6-31+G(d)基组研究了 M⁺(H₂O)Ar（M=Ag，Cu）的结构，计算得到的 Ar-Cu 键和 Ar-Ag 键长度分别为 0.2305 nm 和 0.2661 nm，这比用 MP2 方法计算的值要大，MP2 方法得到的几何结构更加紧凑，而且 Iino 等人并没有对 M⁺(H₂O)Ar（M=Ag，Cu）的相互作用进行研究。

　　Cu⁺(H₂O)Ar，Ag⁺(H₂O)Ar 和 Au⁺(H₂O)Ar 体系异构体(a)Ar 原子结合能使用基组 6-311++G**计算的结果分别为 60.7 kJ/mol、31.0 kJ/mol 和 60.3 kJ/mol，显然 Ag⁺(H₂O)Ar 的 Ar 原子结合能低于 3400~3800 cm⁻¹ 范围内的红外光子能量，因此单光子红外光解是可能的，Iino 等人[60]在实验中已经观测到了 Ag⁺(H₂O)Ar 的红外光解光谱（如图 2-1 所示）。然而，Cu⁺(H₂O)Ar 和 Au⁺(H₂O)Ar 的结合能高于单个红外光子的能量，因此单个红外光子很难从体系中除去 Ar 原子而得到它们的红外光解光谱。对于复合物 Cu⁺(H₂O)Ar，实验中只观测到一个从 3500~3650 cm⁻¹ 的宽峰（如图 2-2 所示），遗憾的是，目前还没有关于 Au⁺(H₂O)Ar 红外光解光谱的实验报道。

　　图 2-6 给出了复合物 M⁺(H₂O)Ar（M=Ag，Cu，Au）异构体 b 的结构示意图，在异构体 b 中，Ar 原子与 H₂O 分子中的 H 原子相连。M⁺(H₂O)Ar（M=Ag，Cu，Au）体系异构体 b 的几何参数和基态结构的 Ar 原子结合能见表 2-5，MP2 方法计算的结果显示 Cu 和 Au 体系的基态结构具有 C_1 对称性，而 Ag⁺(H₂O)Ar 的基态结构是 C_s 对称的。在 MP2/6-311++G**的水平下，Cu⁺(H₂O)Ar，Ag⁺(H₂O)Ar 和 Au⁺(H₂O)Ar 的异构体 b 的自由 O-H 键键长分别为 0.0965 nm、0.0964 nm 和 0.0967 nm，而与 Ar 原子相连的 O-H 键长度分别为 0.0967 nm、0.0965 nm 和 0.0969 nm，可见 Ar 原子与 H₂O 分子之间的相互作用使得与 Ar 原子相连的 O-H 键伸长，并且 Ag⁺(H₂O)Ar 中的 O-H 键伸长量要小于 Cu⁺(H₂O)Ar 和 Au⁺(H₂O)Ar 中的 O-H 键的

伸长量，这与 Ag$^+$(H$_2$O)Ar 的 Ar 原子结合能（5.4 kJ/mol）小于 Cu$^+$(H$_2$O)Ar（6.3 kJ/mol）和 Au$^+$(H$_2$O)Ar（8.8 kJ/mol）中的 Ar 原子结合能的结果相符。复合物 Cu$^+$(H$_2$O)Ar，Ag$^+$(H$_2$O)Ar 和 Au$^+$(H$_2$O)Ar 的异构体 b 使用基组 6-311++G** 计算的 Ar 原子结合能分别为 6.3 kJ/mol、5.4 kJ/mol 和 8.8 kJ/mol，显然异构体 a 的 Ar 原子结合能大于异构体 b 的结合能，M$^+$(H$_2$O)Ar（M=Ag，Cu，Au）体系异构体 a 比异构体 b 要稳定，MP2/ aug-cc-pVDZ 水平下可以得到同样的结论。

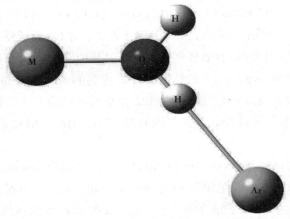

图 2-6 M$^+$(H$_2$O)Ar（M=Cu，Ag，Au）复合物异构体 b 的几何结构示意图

表 2-5 使用 6-311++G** 和 aug-cc-pVDZ 基组，在 MP2 水平下计算的 M$^+$(H$_2$O)Ar（M=Cu，Ag，Au）异构体 b 的键长 R，总能量 E_t 和 CCSD(T) 理论水平下的结合能 ΔE

复合物	基组	对称性	R_{M-O}/ nm	R_{O-H1}[a]/ nm	R_{O-H2}[b]/ nm	R_{Ar-H}/ nm	E_t/ hartree	ΔE/ kJ·mol^{-1}
Cu$^+$(H$_2$O)Ar	A	C_1	0.1897	0.0965	0.0967	0.2393	−799.7620	6.3
	B	C_1	0.1901	0.0969	0.0972	0.2374	−799.7476	8.4
			0.1934[c]			0.2411[c]		
Ag$^+$(H$_2$O)Ar	A	C_s	0.2205	0.0964	0.0965	0.2466	−749.4972	5.4
	B	C_s	0.2202	0.0968	0.0970	0.2431	−749.4825	7.5
			0.2219[c]			0.2481[c]		
Au$^+$(H$_2$O)Ar	A	C_1	0.2132	0.0967	0.0969	0.2383	−738.4128	8.8
	B	C_1	0.2131	0.0972	0.0976	0.2346	−738.4000	10.5

① A: 6-311++G**，B: aug-cc-pVDZ。

② a：R_{O-H1} 代表自由 O–H 键的长度，b：R_{O-H2} 代表与 Ar 原子相连的 O–H 键的长度，c：参考文献[60]。

2.4.3 $M^+(H_2O)Ar$（M=Cu，Ag，Au）的结构和结合能

$M^+(H_2O)Ar_{0,1}$（M = Cu，Ag，Au）的振动频率和红外光谱强度列于表 2-6 中，并且图 2-7 至图 2-10 给出了 H_2O 和 $M^+(H_2O)Ar_{0,1}$（M = Cu，Ag，Au）理论计算得到的 OH 伸缩范围的红外光谱，为了再现气态 H_2O 分子的对称（3657 cm⁻¹）和反对称（3756 cm⁻¹）OH 伸缩频率的平均值[126]，利用修正因子 0.94 对所有体系在 MP2/6-311++G** 水平下计算的 OH 伸缩频率进行了修正。

H_2O 分子修正后的对称和反对称 OH 伸缩频率分别为 3654 cm⁻¹ 和 3765 cm⁻¹，$Ag^+(H_2O)$ 的 O-H 伸缩频率为 3593 cm⁻¹ 和 3689 cm⁻¹，可见与 H_2O 分子的频率相比，$Ag^+(H_2O)$ 的对称和反对称频率分别发生约 61 cm⁻¹ 和 76 cm⁻¹ 红移。由图 2-7、图 2-8 和图 2-9 可以明显地看出，在 $Cu^+(H_2O)$ 和 $Au^+(H_2O)$ 体系中，同样有这种红移现象产生，$M^+(H_2O)$ 体系相对于 H_2O 分子的这种红移现象是贵金属离子 M^+ 与 H_2O 分子之间的相互作用削弱了 O-H 键，使得 O-H 键伸长所导致的。并且 $Cu^+(H_2O)$ 频率的红移量为 68 cm⁻¹ 和 87 cm⁻¹，$Au^+(H_2O)$ 的对称和反对称频率红移量分别为 107 cm⁻¹ 和 119 cm⁻¹，显然 $Cu^+(H_2O)$ 和 $Au^+(H_2O)$ 频率的红移量比 $Ag^+(H_2O)$ 的红移量大（见图 2-10），这与 $Ag^+(H_2O)$ 的结合能小于 $Cu^+(H_2O)$ 和 $Au^+(H_2O)$ 的结合能的结果一致。

表 2-6 $M^+(H_2O)Ar$（M=Cu，Ag，Au）体系在 MP2 水平下用基组 6-311++G** 计算的修正后的 OH 对称（ν_{sym}）和反对称（ν_{asym}）伸缩频率，单位：cm⁻¹，及括号内的红外光谱强度

	H_2O	$Cu^+(H_2O)$	$Cu^+(H_2O)Ar$ 异构体 a	$Cu^+(H_2O)Ar$ 异构体 b
ν_{sym}	3654(13)	3586(154)	3590(172)	3562(331)
ν_{asym}	3765(63)	3678(284)	3684(285)	3662(368)
	H_2O	$Ag^+(H_2O)$	$Ag^+(H_2O)Ar$ 异构体 a	$Ag^+(H_2O)Ar$ 异构体 b
ν_{sym}	3654(13)	3593(124)	3598(133)，3627[a]	3590(237)
ν_{asym}	3765(63)	3689(229)	3696(228)	3688(308)
	H_2O	$Au^+(H_2O)$	$Au^+(H_2O)Ar$ 异构体 a	$Au^+(H_2O)Ar$ 异构体 b
ν_{sym}	3654(13)	3547(194)	3556(208)	3532(354)
ν_{asym}	3765(63)	3646(271)	3652(258)	3638(358)

a：参考文献[60]。

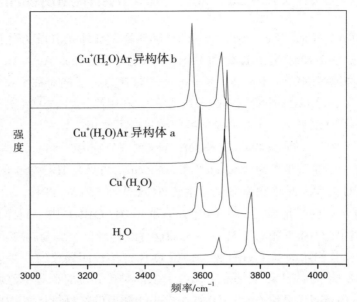

图 2-7 MP2 方法计算得到的 H_2O 和 $Cu^+(H_2O)Ar_{0,1}$ 的理论红外光谱

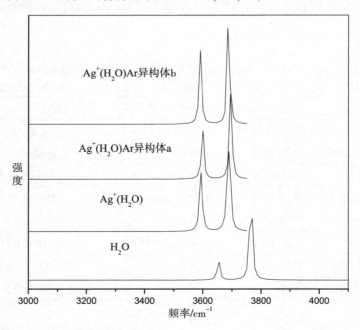

图 2-8 MP2 方法计算得到的 H_2O 和 $Ag^+(H_2O)Ar_{0,1}$ 的理论红外光谱

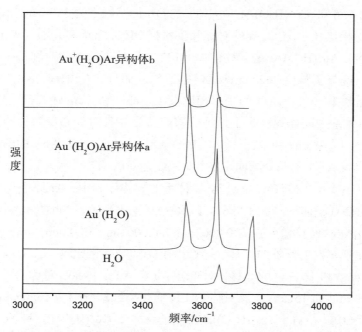

图 2-9 MP2 方法计算得到的 H₂O 和 Au⁺(H₂O)Ar₀,₁ 的理论红外光谱

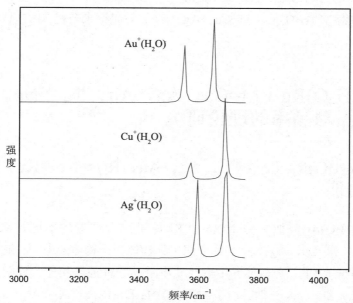

图 2-10 MP2 方法计算得到的 M⁺(H₂O)（M=Cu, Ag, Au）的理论红外光谱

由表 2-6 可知，Cu$^+$(H$_2$O)Ar 异构体 a 的 OH 伸缩频率为 3590 cm^{-1} 和 3684 cm^{-1}，与 Cu$^+$(H$_2$O) 相比，Cu$^+$(H$_2$O)Ar 的对称和反对称 OH 伸缩频率分别有 4 cm^{-1} 和 6 cm^{-1} 的蓝移。对于 Ag$^+$(H$_2$O)Ar 的异构体 a，MP2 方法计算得到的对称 OH 伸缩频率为 3598 cm^{-1}，这与实验值 3627 cm^{-1} 比较接近[60]。而且，Ag$^+$(H$_2$O)Ar 的对称和反对称 OH 伸缩频率与 Ag$^+$(H$_2$O) 的频率相比发生 5 cm^{-1} 和 7 cm^{-1} 的蓝移。图 2-9 显示在含 Au 的体系中同样观察到了这种蓝移趋势，并且对称和反对称 OH 伸缩频率蓝移量值分别为 9 cm^{-1} 和 6 cm^{-1}。M$^+$(H$_2$O)Ar（M=Cu，Ag，Au）中的这种蓝移现象可能是因为 Ar 原子部分减弱了 M$^+$ 和 H$_2$O 之间的相互作用。

在 M$^+$(H$_2$O)Ar（M=Cu，Ag，Au）体系的异构体 b 中，Ar 原子与 O-H 键相连使得相应的 O-H 键伸长。在 MP2/6-311++G** 理论水平下，Cu$^+$(H$_2$O)Ar，Ag$^+$(H$_2$O)Ar 和 Au$^+$(H$_2$O)Ar 的伸长量分别为 0.0002 nm、0.0001 nm 和 0.0002 nm，这导致相应的 OH 伸缩频率发生额外的红移。与 Cu$^+$(H$_2$O) 的频率相比较，Cu$^+$(H$_2$O)Ar 相应的频率有 24 cm^{-1} 和 16 cm^{-1} 的红移，对于含 Ag 和 Au 的体系，对称 OH 伸缩频率红移分别为 3 cm^{-1} 和 15 cm^{-1}，反对称 OH 伸缩频率红移分别为 1 cm^{-1} 和 8 cm^{-1}。另外，Au$^+$(H$_2$O)Ar 相对于 Au$^+$(H$_2$O) 的红移量要大于 Cu$^+$(H$_2$O)Ar 和 Ag$^+$(H$_2$O)Ar 中相应的红移量，这与 Au$^+$(H$_2$O)Ar 中 Ar 原子的结合能较大结果一致。另外，M$^+$(H$_2$O) 与 M$^+$(H$_2$O)Ar 之间的 OH 振动频率之差小于 M$^+$(H$_2$O)Ar 的异构体之间的频率差，因此通过观察 M$^+$(H$_2$O)Ar（M=Cu，Ag，Au）的光谱来获得 M$^+$(H$_2$O) 的红外光谱是合理的。

2.5 M$^+$(H$_2$O)Rg（M=Cu，Ag，Au；Rg＝Ne，Kr）的结构和振动频率的理论研究

2.5.1 M$^+$(H$_2$O)Rg（M=Cu，Ag，Au；Rg＝Ne，Kr）体系的结构和结合能

与 M$^+$(H$_2$O)Ar 类似，由于 Ne 和 Kr 原子结合位置的不同，M$^+$(H$_2$O)Ne 和 M$^+$(H$_2$O)Kr（M=Cu，Ag，Au）都有两个异构体，异构体 a 中 Ne 和 Kr 直接连接到贵金属离子 M$^+$ 上，异构体 b 中惰性气体原子与 H 原子相连，如图 2-11 和 2-12 所示。表 2-7 和表 2-8 分别给出了 M$^+$(H$_2$O)Ne 和 M$^+$(H$_2$O)Kr（M=Cu，Ag，Au）的几何参数和结合能，结合能的计算公式如下：

$$BE=E[M^+(H_2O)Rg]-E[M^+(H_2O)]-E[Rg] \qquad (2\text{–}5)$$

式中 $M^+(H_2O)Rg$ 和 $M^+(H_2O)$ 的能量是在 MP2 优化结构基础上利用 CCSD(T)方法得到的单点能，其中 $M^+(H_2O)Rg$ 的能量包含了基组重叠误差修正。表 2-7 给出了 $M^+(H_2O)Ne$（M=Cu，Ag，Au）异构体 a 的几何参数和结合能，异构体 a 有两个对称性分别为 C_{2v} 和 C_s 的几何构型，但是计算结果表明在 C_{2v} 结构中有一个虚频，C_s 结构的频率都是正的，显然 $M^+(H_2O)Ne$（M=Cu，Ag，Au）的基态几何结构具有 C_s 对称性。在异构体 a 的基态结构中，两个 O-H 键的键长相同。在 MP2/6-311++G**水平下，Ag-Ne 键（0.2633 nm）长于 Cu-Ne 键（0.2178 nm）和 Au-Ne（0.2480 nm）键的长度，这与 $Ag^+(H_2O)Ne$ 的 Ne 原子结合能小于 Cu 和 Au 体系相应结合能的结果一致，使用 aug-cc-pVDZ 基组可以得到同样的结论。

图 2-11 M⁺(H₂O)Rg（M=Ag，Cu，Au；Rg=Ne，Ar，Kr）异构体 a 的理论红外光谱

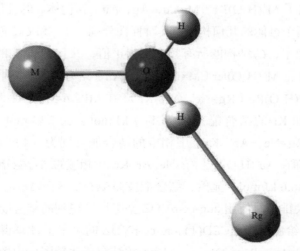

图 2-12 M⁺(H₂O)Rg（M =Ag，Cu，Au；Rg=Ne，Ar，Kr）异构体 b 的理论红外光谱

表 2-7 使用 6-311++G**和 aug-cc-pVDZ 基组，在 MP2 水平下计算的 $M^+(H_2O)Ne$（M=Cu，Ag，Au）异构体 a 的键长 R，总能量 E_t 以及 CCSD(T)理论水平下的结合能 ΔE

复合物	基组	对称性	No.IF[a]	R_{M-O}/ nm	R_{O-H}/ nm	R_{M-Ne}/ nm	E_t/ hartree	ΔE/ kJ·mol^{-1}
$Cu^+(H_2O)Ne$	A	C_{2v}	1	0.1874	0.0965	0.2180	−401.5499	
		C_s	0	0.1876	0.0966	0.2178	−401.5499	11.7
	B	C_{2v}	1	0.1881	0.0968	0.2184	−401.4983	
		C_s	0	0.1883	0.0970	0.2186	−401.4983	13.4
$Ag^+(H_2O)Ne$	A	C_{2v}	1	0.2209	0.0964	0.2633	−351.2821	
		C_s	0	0.2209	0.0964	0.2633	−351.2821	5.4
	B	C_{2v}	1	0.2204	0.0968	0.2568	−351.2306	
		C_s	0	0.2205	0.0968	0.2569	−351.2306	6.7
$Au^+(H_2O)Ne$	A	C_{2v}	1	0.2112	0.0965	0.2489	−340.1986	
		C_s	0	0.2116	0.0968	0.2480	−340.1991	10.6
	B	C_{2v}	1	0.2103	0.0969	0.2416	−340.1490	
		C_s	0	0.2110	0.0973	0.2409	−340.1502	12.6

① A：6-311++G**；B：aug-cc-pVDZ。

② a：No. IF 为虚频个数。

　　表 2-8 给出了 $M^+(H_2O)Kr$（M=Cu，Ag，Au）异构体 a 的几何参数和结合能，异构体 a 具有两个可能的几何构型，其对称性分别为 C_{2v} 和 C_s，而 C_{2v} 结构为一阶鞍点，结构不稳定，C_s 结构的所有频率都为正值，并且 C_s 结构的能量低于 C_{2v} 结构的总能量，可见 $M^+(H_2O)Kr$（M=Cu，Ag，Au）异构体 a 基态结构是 C_s 对称的。另外，对于 $Cu^+(H_2O)Rg$（Rg=Ne，Ar，Kr），在 MP2/6-311++G**的水平下计算得到的 Ne，Ar 和 Kr 的结合能分别为 11.7 kJ/mol、60.7 kJ/mol 和 72.4 kJ/mol，$Ag^+(H_2O)Rg$（Rg=Ne，Ar，Kr）中相应的结合能分别为 5.4 kJ/mol，31.4 kJ/mol 和 45.2 kJ/mol，而在 $Au^+(H_2O)Rg$（Rg=Ne，Ar，Kr）中相应的结合能分别为 10.5 kJ/mol、60.3 kJ/mol 和 86.6 kJ/mol，显然，结合能按照 $\Delta E(M^+-Ne)<\Delta E(M^+-Ar)<\Delta E(M^+-Kr)$ 的顺序从小到大排列。使用 aug-cc-pVDZ 基组计算得到的结合能也有同样的变化趋势，图 2–13 给出了在 CCSD(T)/aug-cc-pVDZ 的水平下计算得到的 $M^+(H_2O)Rg$（M＝Cu，Ag，Au；Rg＝Ne，Ar，Kr）的结合能比较图，由图可直观地看出随着惰性气体元素原子序数的增加，惰性气体原子的结合能增加。

表 2-8 使用 6-311++G**和 aug-cc-pVDZ 基组，在 MP2 水平下计算的 $M^+(H_2O)Kr$ (M=Cu，Ag，Au)异构体 a 的键长 R，总能量 E_t 以及 CCSD(T)理论水平下的结合能 ΔE

复合物	基组	对称性	No. IF[a]	$R_{M\text{-}O}$/ nm	$R_{O\text{-}H}$/ nm	$R_{M\text{-}Kr}$/ nm	E_t/ hartree	ΔE/ kJ·mol⁻¹
Cu⁺(H₂O)Kr	A	C_{2v}	1	0.1868	0.0965	0.2294	−291.1459	
		C_s	0	0.1872	0.0966	0.2293	−291.1460	72.4
	B	C_{2v}	1	0.1874	0.0968	0.2304	−291.1298	
		C_s	0	0.1876	0.0969	0.2306	−291.1299	72.4
Ag⁺(H₂O)Kr	A	C_{2v}	1	0.2184	0.0964	0.2606	−240.8689	
		C_s	0	0.2184	0.0964	0.2606	−240.8690	45.2
	B	C_{2v}	1	0.2178	0.0968	0.2603	−240.8535	
		C_s	0	0.2180	0.0968	0.2602	−240.8535	45.6
Au⁺(H₂O) Kr	A	C_{2v}	1	0.2073	0.0965	0.2440	−229.8043	
		C_s	0	0.2082	0.0967	0.2441	−229.8050	86.6
	B	C_{2v}	1	0.2073	0.0968	0.2434	−229.7904	
		C_s	0	0.2081	0.0972	0.2437	−229.7916	87.1

① A：6-311++G**；B：aug-cc-pVDZ。

② a：No. IF 为虚频个数。

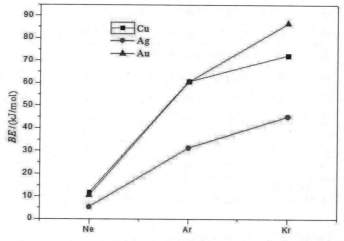

图 2-13 M⁺(H₂O)Rg（M = Cu，Ag，Au；Rg=Ne，Ar，Kr）的结合能

　　M⁺(H₂O)Rg（M=Cu，Ag，Au；Rg = Ne，Kr）体系异构体 b 优化后的几何参数和结合能列于表 2-9 中，计算结果显示 M⁺(H₂O)Ne 和 M⁺(H₂O)Kr（M=Cu，Ag，

Au）的基态几何结构都具有 C_1 对称性。在 MP2/6-311++G**水平下，$Cu^+(H_2O)Ne$，$Ag^+(H_2O)Ne$ 和 $Au^+(H_2O)Ne$ 的 Ne 原子的结合能分别为 2.5 kJ/mol、2.1 kJ/mol 和 4.6 kJ/mol。由于 $M^+(H_2O)Ne$（M=Cu，Ag，Au）的结合能比较小，Ne 原子与 H 原子相连对 $M^+(H_2O)$ 团簇的结构影响不大，相应的 O-H 键伸长量非常小。而对于含 Kr 原子的体系，Kr 原子与 H 原子相连会导致相应的 O-H 键有较大的伸长。$Cu^+(H_2O)Kr$，$Ag^+(H_2O)Kr$ 和 $Au^+(H_2O)Kr$ 使用 6-311++G**基组得到的伸长量分别为 0.0005 nm、0.0003 nm 和 0.0005 nm，在 MP2/aug-cc-pVDZ 水平下得到的结果与之相近，伸长量分别为 0.0005 nm、0.0004 nm 和 0.0006 nm。

表 2-9 使用 6-311++G**和 aug-cc-pVDZ 基组，在 MP2 水平下计算的 $M^+(H_2O)Rg$（M=Cu，Ag，Au；Rg=Ne，Kr）异构体 b 的键长 R，总能量 E_t 和 CCSD(T)理论水平下的结合能 ΔE

复合物	基组	对称性	R_{M-O}/ nm	$R_{(O-H1)}$[a]/ nm	$R_{(O-H2)}$[b]/ nm	R_{H-Rg}/ nm	E_t/ hartree	ΔE/ kJ·mol^{-1}
$Cu^+(H_2O)Ne$	A	C_1	0.1901	0.0965	0.0965	0.2252	−401.5446	2.5
	B	C_1	0.1904	0.0968	0.0969	0.2140	−401.4932	3.3
$Ag^+(H_2O)Ne$	A	C_1	0.2213	0.0964	0.0965	0.2306	−351.2801	2.1
	B	C_1	0.2208	0.0968	0.0969	0.2190	−351.2284	2.9
$Au^+(H_2O)Ne$	A	C_1	0.2138	0.0967	0.0967	0.2266	−340.1954	4.6
	B	C_1	0.2136	0.0972	0.0973	0.2130	−340.1453	4.2
$Cu^+(H_2O)Kr$	A	C_1	0.1895	0.0965	0.0970	0.2453	−291.1172	10.0
	B	C_1	0.1899	0.0969	0.0974	0.2420	−291.1023	11.7
$Ag^+(H_2O)Kr$	A	C_1	0.2201	0.0964	0.0967	0.2529	−240.8521	8.8
	B	C_1	0.2198	0.0968	0.0972	0.2497	−240.8370	10.0
$Au^+(H_2O)Kr$	A	C_1	0.2126	0.0967	0.0972	0.2431	−229.7683	13.0
	B	C_1	0.2126	0.0973	0.0979	0.2392	−229.7549	14.2

① A：6-311++G**；B：aug-cc-pVDZ。

② a：R_{O-H2} 代表自由的 O-H 键键长，b：R_{O-H1} 代表与 Ar 原子相连的 O-H 键键长。

由表 2-7、表 2-8 和表 2-9 中 $M^+(H_2O)Rg$（M=Cu，Ag，Au；Rg=Ne，Kr）异构体 a 和 b 的结合能可知，$Cu^+(H_2O)Ne$ 异构体 a 的结合能高于异构体 b 的结合能，显然异构体 a 比较稳定。并且 $M^+(H_2O)Ne$（M=Cu，Ag，Au）的 Ne 原子结合能

低于 3400~3800 cm^{-1} 范围内的红外光子能量，因此单光子红外光解是可能的。由表 2-8 可知，Cu⁺(H₂O)Kr、Ag⁺(H₂O)Kr 和 Au⁺(H₂O)Kr 异构体 a 的 Kr 原子结合能分别为 72.4 kJ/mol、45.2 kJ/mol 和 86.6 kJ/mol，可见 Kr 原子结合能高于红外光子能量，单个红外光子不能使 M⁺(H₂O)Kr 解离，从而无法使用加入 Kr 原子的方法来获得 M⁺(H₂O)（M=Cu，Ag，Au）的红外光谱。

2.5.2 M⁺(H₂O)Rg（M=Cu，Ag，Au；Rg=Ne，Kr）体系的振动频率

M⁺(H₂O)Rg$_{0,1}$（M=Cu，Ag，Au；Rg=Ne，Kr）的振动频率和红外光谱强度列于表 2-10 中，为了再现气态 H₂O 分子的对称（3657 cm^{-1}）和反对称（3756 cm^{-1}）OH 伸缩频率的平均值[124]，利用修正因子 0.96 对所有体系在 MP2/aug-cc-pVDZ 水平下计算的 OH 伸缩频率进行了修正。图 2-14 至图 2-27 给出了 M⁺(H₂O)Rg$_{0,1}$（M=Cu，Ag，Au；Rg=Ne，Kr）的红外光谱图。

表 2-10 M⁺(H₂O)Rg$_{0,1}$（M=Cu，Ag，Au；Rg=Ne，Kr）体系在 MP2 水平下用基组 aug-cc-pVDZ 计算的修正后的 OH 对称（ν_{sym}）和反对称（ν_{asym}）伸缩频率，单位：cm^{-1}；及括号内的红外光谱强度

异构体	频率	复合物		
		Cu⁺(H₂O)	Ag⁺(H₂O)	Au⁺(H₂O)
	ν_{sym}	3611	3618	3557
	ν_{asym}	3716	3728	3668
		Cu⁺(H₂O)Ne	Ag⁺(H₂O)Ne	Au⁺(H₂O)Ne
(a)	ν_{sym}	3613	3618	3557
	ν_{asym}	3719	3728	3667
(b)	ν_{sym}	3607	3618	3560
	ν_{asym}	3709	3727	3668
		Cu⁺(H₂O)Kr	Ag⁺(H₂O)Kr	Au⁺(H₂O)Kr
(a)	ν_{sym}	3616	3619	3564
	ν_{asym}	3721	3730	3672
(b)	ν_{sym}	3526	3571	3468
	ν_{asym}	3678	3705	3632

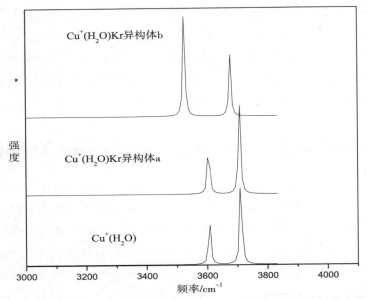

图 2-14 MP2 方法计算得到的 Cu⁺(H₂O)和 Cu⁺(H₂O)Kr 的理论红外光谱

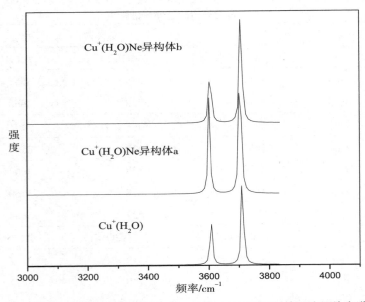

图 2-15 MP2 方法计算得到的 Cu⁺(H₂O)和 Cu⁺(H₂O)Ne 的理论红外光谱

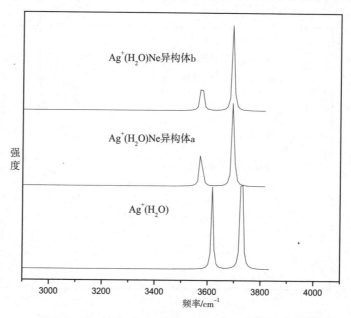

图 2-16 MP2 方法计算得到的 Ag⁺(H₂O) 和 Ag⁺(H₂O)Ne 的理论红外光谱

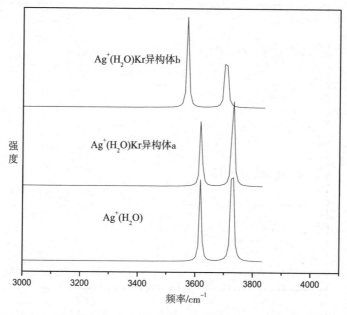

图 2-17 MP2 方法计算得到的 Ag⁺(H₂O) 和 Ag⁺(H₂O)Kr 的理论红外光谱

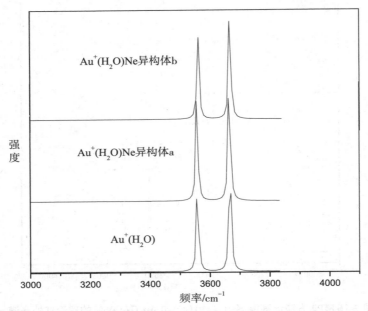

图 2-18 MP2 方法计算得到的 Au$^+$(H$_2$O)和 Au$^+$(H$_2$O)Ne 的理论红外光谱

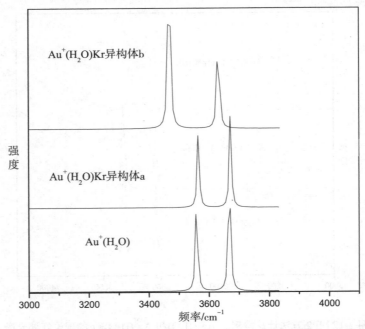

图 2-19 MP2 方法计算得到的 Au$^+$(H$_2$O)和 Au$^+$(H$_2$O)Kr 的理论红外光谱

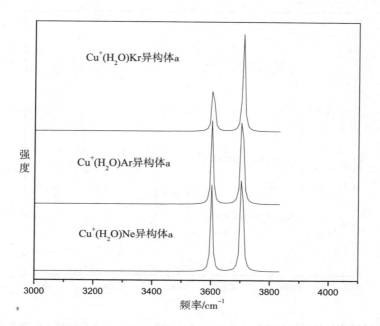

图 2-20 MP2 方法计算得到的 $Cu^+(H_2O)Rg$（Rg=Ne，Ar，Kr）异构体 a 的理论红外光谱

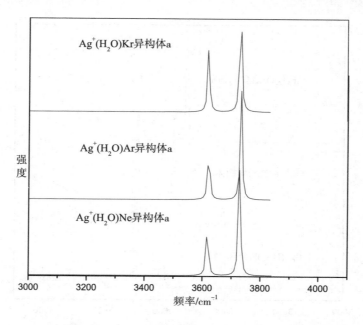

图 2-21 MP2 方法计算得到的 $Ag^+(H_2O)Rg$（Rg=Ne，Ar，Kr）异构体 a 的理论红外光谱

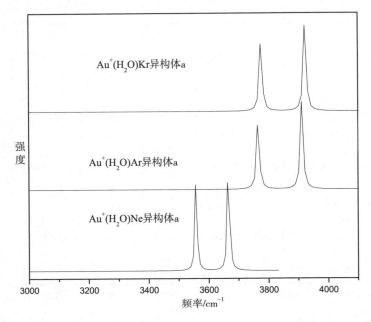

图 2-22 MP2 方法计算得到的 Au⁺(H₂O)Rg（Rg=Ne，Ar，Kr）异构体 a 的理论红外光谱

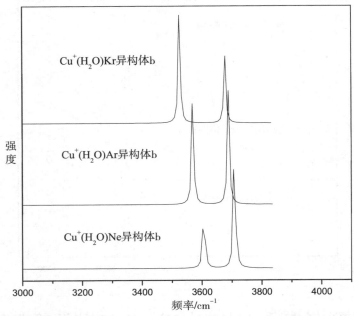

图 2-23 MP2 方法计算得到的 Cu⁺(H₂O)Rg（Rg=Ne，Ar，Kr）异构体 b 的理论红外光谱

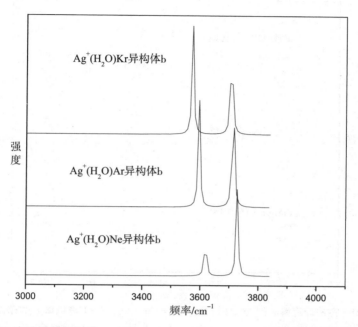

图 2-24 MP2 方法计算得到的 Ag⁺(H₂O)Rg（Rg=Ne，Ar，Kr）异构体 b 的理论红外光谱

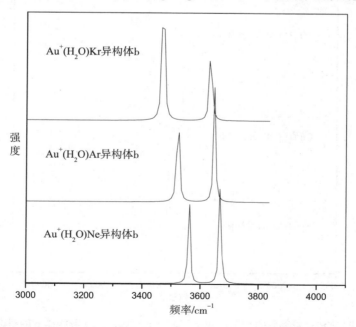

图 2-25 MP2 方法计算得到的 Au⁺(H₂O)Rg（Rg=Ne，Ar，Kr）异构体 b 的理论红外光谱

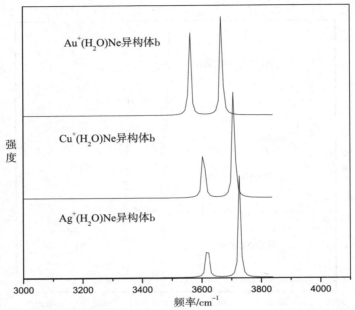

图 2-26 MP2 方法计算得到的 M⁺(H₂O)Ne（M = Cu，Ag，Au）异构体 b 的理论红外光谱

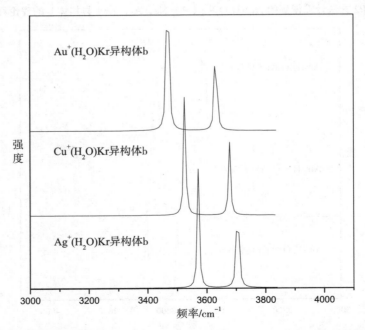

图 2-27 MP2 方法计算得到的 M⁺(H₂O)Kr（M = Cu，Ag，Au）异构体 b 的理论红外光谱

由表 2-10 和图 2-14 可知，$Cu^+(H_2O)Kr$ 异构体 a 修正后的对称和反对称 OH 伸缩频率分别为 3616 cm^{-1} 和 3721 cm^{-1}。显然，与 $Cu^+(H_2O)$ 的频率 3611 cm^{-1} 和 3716 cm^{-1} 相比，异构体 a 相应的对称和反对称 OH 伸缩频率都有 5 cm^{-1} 的蓝移，在 $Ag^+(H_2O)Kr$ 和 $Au^+(H_2O)Kr$ 中同样有这种蓝移情况，并且 $Ag^+(H_2O)Kr$ 中的蓝移量为 1 cm^{-1} 和 2 cm^{-1}，$Au^+(H_2O)Kr$ 异构体 a 的蓝移量分别为 7 cm^{-1} 和 4 cm^{-1}，异构体 a 中的蓝移是 Kr 原子减弱了 $M^+(H_2O)$（M=Cu，Ag，Au）之间的相互作用使得 O-H 键变强所产生的情况。对于异构体 b，$Au^+(H_2O)Kr$ 的对称和反对称 OH 伸缩频率分别为 3468 cm^{-1} 和 3632 cm^{-1}，与 $Au^+(H_2O)$ 的频率相比，异构体 b 中频率发生了红移，红移的量值为 89 cm^{-1} 和 36 cm^{-1}，而在 Cu 和 Ag 的体系当中也有红移现象产生，并且 $Ag^+(H_2O)Kr$ 异构体 b 的红移量（47 cm^{-1} 和 23 cm^{-1}）小于 Cu 和 Au 体系中相应的红移量，这与前面所讨论的 $Ag^+(H_2O)Kr$ 中 Kr 与 O-H 键相连所导致的 O-H 键伸长量 0.0004 nm 小于 $Cu^+(H_2O)Kr$ 和 $Au^+(H_2O)Kr$ 中相应 O-H 键的伸长量 0.0005 nm 和 0.0006 nm 的结果相符。由图 2-17 至图 2-21 可以看出，$M^+(H_2O)Ne$（M=Cu，Ag，Au）和 $M^+(H_2O)Kr$（M=Cu，Ag，Au）体系的异构体 a 有同样的蓝移现象，异构体 b 中有红移现象产生。

$M^+(H_2O)Ne$，$M^+(H_2O)Ar$ 和 $M^+(H_2O)Kr$（M=Cu，Ag，Au）异构体 a 和异构体 b 中 OH 伸缩频率的比较图列于图 2-20 至图 2-27。通过比较可知，对于同一贵金属体系，异构体 a 中的蓝移量和异构体 b 中的红移量按照 Ne<Ar<Kr 的顺序从小到大排列，这与异构体 a 和异构体 b 惰性气体原子与 $M^+(H_2O)$ 之间的相互作用按照 Ne<Ar<Kr 的顺序增加的结论一致。

2.6 本章小结

本章在分子轨道从头算理论框架下对 $M^+(H_2O)Ar_{0-2}$ 的结构、结合能以及红外光谱进行了系统的研究。MP2 方法研究发现 $Cu^+(H_2O)$ 和 $Ag^+(H_2O)$ 团簇的基态几何结构具有平面的 C_{2v} 对称性，而 $Au^+(H_2O)$ 的稳定结构具有 C_s 对称性。另外，CCSD(T) 的计算表明 $M^+(H_2O)$（M=Cu，Ag，Au）的结合能高于红外光子的能量，因此很难通过单光子吸收得到 $M^+(H_2O)$ 的红外光谱。Ar 原子松散地结合到 $M^+(H_2O)$（M=Cu，Ag，Au）体系的方法可能解决这个问题。

$M^+(H_2O)Ar$ 有两个异构体，Ar 原子可能连接到贵金属离子 M^+ 上，也可能与 H_2O 分子中的一个 H 原子相连。对于 $M^+(H_2O)Ar$（M=Cu，Ag，Au）体系，Ar

原子与贵金属离子 M^+ 相连的异构体比较稳定，并且 $Ag^+(H_2O)Ar$ 的 Ar 原子结合能小于单个红外光子的能量，而 $Cu^+(H_2O)Ar$ 和 $Au^+(H_2O)Ar$ 的 Ar 原子结合能高于单个红外光子的能量，因此单个红外光子能够使 $Ag^+(H_2O)Ar$ 解离，但是可能没有足够的能量从 Cu 和 Au 的体系中去除 Ar 原子。与 $M^+(H_2O)$（M=Cu，Ag，Au）体系相比，Ar 原子与贵金属离子相连对体系的 OH 伸缩频率影响不大，而 Ar 原子与 H_2O 分子中的 H 原子相连会引起大的红移。

对于含 Ne 的体系，Ne 原子结合能都小于红外光子的能量，预言了可以通过加入 Ne 原子的方法获得 $M^+(H_2O)$（M=Cu，Ag，Au）的红外光解光谱。而 Kr 原子的结合能太大以至于单个红外光子不能从 $M^+(H_2O)Kr$（M=Cu，Ag，Au）中去除 Kr 原子，很难通过加入 Kr 原子的方法得到红外光谱。

第 3 章

M⁺(H₂O)Ar₂(M=Cu,Au)和 M⁺(H₂O)₂,₃Ar (M=Cu，Ag，Au)体系的从头算研究

3.1 引言

　　上一章对 M⁺(H₂O)Ar（M=Cu，Ag，Au）体系的研究表明虽然 Ag⁺(H₂O)Ar 的 Ar 原子结合能小于 OH 伸缩频率范围单个红外光子的能量，但 M⁺(H₂O)Ar （M=Cu，Au）的 Ar 原子结合能超过了红外光子的能量，因此很难通过从 Au⁺(H₂O)Ar 和 Cu⁺(H₂O)Ar 中除去 Ar 原子的方法得到 M⁺(H₂O)（M=Cu，Au）的光谱，在 M⁺(H₂O)Ar（M=Cu，Au）体系中加入另一个 Ar 原子是必要的。

　　2009 年，Duncan 等人[94]采用激光蒸发源获得了 Cu⁺(H₂O)，Cu⁺(D₂O)以及 Cu⁺(H₂O)Ar₂ 和 Cu⁺(D₂O)Ar₂ 团簇，使用飞行时间质谱仪观测复合物获得了 Cu⁺(H₂O)Ar₂ 和 Cu⁺(D₂O)Ar₂ 的红外光解光谱，图 3-1 给出了实验测得的 OH 伸缩频率范围的 Cu⁺(H₂O)Ar₂ 的红外光解光谱，Cu⁺(H₂O)Ar₂ 光谱中发现在 3623cm⁻¹ 和 3696 cm⁻¹ 处两个主峰，它们分别对应着 OH 对称和反对称伸缩频率，并在高频率的位置发现了一个强度较小的峰，Duncan 等人认为这个峰值可能是由于 Ar 原子的加入引起的，它可能是包括 Ar 原子伸缩振动和一个 OH 伸缩振动的结合峰。另外，Duncan 等人在 MP2/6-311+G(d,p)水平下计算了 Cu⁺(H₂O)Ar₂ 和 Cu⁺(D₂O)Ar₂

的振动频率和红外光谱强度，并将理论结果与实验值进行了比较分析。

　　虽然 Duncan 等人给出了实验测得的 $Cu^+(H_2O)Ar_2$ 的红外光解光谱以及 $Cu^+(H_2O)Ar_2$ 振动频率的理论值，但并未给出 $Cu^+(H_2O)Ar_2$ 的几何构型、稳定性以及相互作用的详细信息，本章选择 $Cu^+(H_2O)Ar_2$ 作为研究对象，对其几何结构、Ar 原子结合能和振动频率等进行了系统的考察和研究，从理论上解释为何实验上通过加入两个 Ar 原子的方法可以获得 $Cu^+(H_2O)Ar_2$ 的红外光谱，另外选择 $Au^+(H_2O)Ar_2$ 作为研究对象，预测 $Au^+(H_2O)Ar_2$ 的几何结构和 OH 伸缩频率，预言通过加入两个 Ar 原子的方法能否获得 $Au^+(H_2O)Ar_2$ 的红外光解光谱。

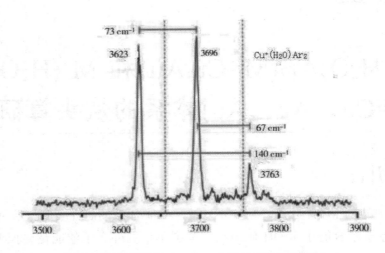

图 3-1 实验测得的 $Cu^+(H_2O)Ar_2$ 的红外光解光谱[94]

　　对于 $M^+(H_2O)_2$（M=Cu，Ag，Au）团簇，虽然目前已经有一些关于 $M^+(H_2O)_2$（M=Cu，Ag，Au）的理论报道[20, 54, 127,128]，而实验上能够给出的信息是有限的。目前，不同的质谱法可以提供键能和热力学数据[21, 44, 48]，但团簇结构等方面的信息需要使用光谱方法来获得，红外光谱是实验上确定水合贵金属离子团簇水合结构的重要手段。金属阳离子和水分子构成的团簇的红外光谱通常采用质选的光解光谱方法[129,130]，以前的研究表明，$M^+(H_2O)_2$（M=Cu，Ag，Au）的结合能同样比红外光子的能量大，很难得到 $M^+(H_2O)_2$（M=Cu，Ag，Au）的红外光谱。那么，能否通过添加 Ar 原子的方法来得到 $M^+(H_2O)_2$（M=Cu，Ag，Au）的红外光谱呢？

　　2007 年，Iino 等人[60]使用激光蒸发团簇源获得了水合贵金属离子 $M^+(H_2O)_2$

和 M⁺(H₂O)₂Ar，并且获得了 M⁺(H₂O)₂Ar 的红外光解光谱，图 3-2 和图 3-3 给出了实验测得的 OH 伸缩频率范围的 Ag⁺(H₂O)₂Ar 和 Cu⁺(H₂O)₂Ar 的红外光解光谱，对于 Ag⁺(H₂O)₂Ar 的红外光解光谱，在 3630 cm⁻¹ 和 3711 cm⁻¹ 处观测到两个峰，而在 Cu⁺(H₂O)₂Ar 的红外光解光谱中在 3590 cm⁻¹、3630 cm⁻¹ 以及 3685 cm⁻¹ 和 3710 cm⁻¹ 处观测到了峰值。另外，Iino 等人采用密度泛函（DFT）方法对 M⁺(H₂O)₂ 和 M⁺(H₂O)₂Ar（M=Cu，Ag）理论的红外光谱进行了计算，并将振动频率和红外吸收强度与实验光谱进行了比较。

　　本章首先对 M⁺(H₂O)₂（M=Cu，Ag，Au）做了简单的研究，在此基础上，进一步对 M⁺(H₂O)₂Ar（M=Cu，Ag）进行了研究，并首次对 Au⁺(H₂O)₂Ar 的几何结构、结合能和振动频率进行了系统的研究，为实验上获得团簇红外光谱提供重要的理论信息。

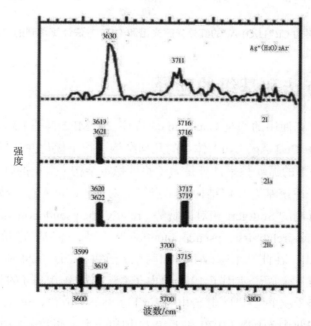

图 3-2　实验测得的 Ag⁺(H₂O)₂Ar 的红外光解光谱和 DFT 方法计算得到的 OH 伸缩频率[60]

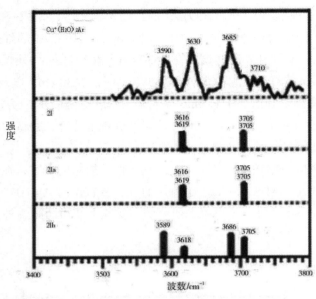

图 3-3　实验测得的 $Cu^+(H_2O)_2Ar$ 的红外光解光谱和 DFT 方法计算得到的 OH 伸缩频率[60]

3.2　计算方法和基组的选择

　　本章所有计算使用的均是 Gaussian 03 程序，在 MP2 水平下对 $M^+(H_2O)Ar_2$ 和 $M^+(H_2O)_2Ar$（M=Cu，Ag，Au）体系的几何结构进行了优化并计算了体系的振动频率，同一水平下的振动频率计算是为了验证稳定结构（全正的频率），采用耦合团簇方法计算了系统基态几何结构的单点能。对于 Cu 和 Ag，分别使用了 19 个价电子的能量可调的 Stuttgart 相对论赝势（relativistic pseudopotentials）[114]和准相对论赝势（quasirelativistic pseudopotentials）[115]，相应的价电子基组为 (8s6p5d)/[7s3p4d]，在此基组基础上添加两个 f 函数（Cu：0.24 和 3.7，Ag：0.22 和 1.72）[115]。对于金原子使用了 19 个价电子（5s25p65d106s1）的相对论 Stuttgart 有效小核实赝势（ECPs）[116]，其价电子基组为 (8s6p5d)/[7s3p4d]，并在此价电子基组基础上添加两个 f 函数（0.20 和 1.19）[117]和一个 g 函数（1.1077）[118]。而对于 $M^+(H_2O)Ar_2$ 和 $M^+(H_2O)_2Ar$（M=Cu，Ag，Au）体系中的 O，H 和 Ar 原子使用全电子基组 6-311++G**。为了方便讨论计算结果，$M^+(H_2O)_2Ar$（M=Cu，Ag，Au）体系的基组简单地用水的基组 6-311++G**表示。

3.3 杂化轨道理论

杂化轨道理论（hybrid orbital theory）是 1931 年由 Pauling L 等人在价键理论的基础上提出的，它实质上仍属于现代价键理论，但它在成键能力、分子的空间构型等方面丰富和发展了现代价键理论。

3.3.1 杂化的定义

原子在形成分子时，为了增强成键能力，同一原子中能量相近的不同类型（s、p、d⋯⋯）的几个原子轨道可以相互叠加进行重新组合，形成能量、形状和方向与原轨道不同的新的原子轨道。这种原子轨道重新组合的过程称为原子轨道的杂化，所形成的新的原子轨道称为杂化轨道。

杂化要点：

（1）只有在形成分子的过程中，中心原子能量相近的原子轨道才能进行杂化，孤立的原子不可能发生杂化。

（2）只有能量相近的轨道才能互相杂化。

（3）杂化前后，总能量不变。但杂化轨道在成键时更有利于轨道间的重叠，即杂化轨道的成键能力比未杂化的原子轨道的成键能力增强，形成的化学键的键能大。这是由于杂化后轨道的形状发生了变化，电子云分布集中在某一方向上，成键时轨道重叠程度增大，成键能力增强。

（4）杂化所形成的杂化轨道的数目等于参加杂化的原子轨道的数目，亦即杂化前后，原子轨道的总数不变。

（5）杂化轨道的空间构型取决于中心原子的杂化类型。不同类型的杂化，杂化轨道的空间取向不同，即一定数目和一定类型的原子轨道间杂化所得到的杂化轨道具有确定的空间几何构型，由此形成的共价键和共价分子相应地具有确定的几何构型。

3.3.2 轨道杂化的类型

按杂化后形成的几个杂化轨道的能量是否相同，轨道的杂化可分为等性杂化和不等性杂化。

1. 等性杂化

杂化后所形成的几个杂化轨道所含原来轨道成分的比例相等，能量完全相同，这种杂化称为等性杂化（equivalent hybridization）。通常，若参与杂化的原子轨道都含有单电子或都是空轨道，其杂化是等性的。

2. 不等性杂化

杂化后所形成的几个杂化轨道所含原来轨道成分的比例不相等，能量不完全相同，这种杂化称为不等性杂化（nonequivalent hybridization）。通常，若参与杂化的原子轨道中，有的已被孤对电子占据，其杂化是不等性的。

3. 常见的轨道类型简介

常见的杂化轨道类型列于表 3-1 和表 3-2 中，下面简单介绍一下 sp、sp^2 和 sp^3 杂化：

表 3-1 常见的含 s 轨道和 p 轨道的杂化轨道类型

杂化轨道类型	sp	sp^2	sp^3	$dsp^2[d(x^2\text{-}y^2)$与s、p_x、$p_y]$
空间几何构型	直线型	平面三角形	正四面体形	平面正方形
杂化轨道数目	2	3	4	4
杂化轨道类型	sd^3 [s 与 d_{xy}、d_{xz}、d_{yz}]	$sp^3d[dz^2]$	$dsp^3[d(x^2\text{-}y^2)]$	
空间几何构型	正四面体形	三角双锥形	四方锥形	
杂化轨道数目	4	5	5	
杂化轨道类型	$d^2sp^3, sp^3d^2[dz^2, d(x^2\text{-}y^2)]$		sp^3d^3	
空间几何构型	正八面体形		五角双锥形	
杂化轨道数目	6		7	

（1）sp 杂化

由 1 个 s 轨道和 1 个 p 轨道组合成 2 个 sp 杂化轨道的过程称为 sp 杂化，所形成的轨道称为 sp 杂化轨道。每个 sp 杂化轨道均含有 1/2 的 s 轨道成分和 1/2 的 p 轨道成分。为使相互间的排斥能最小，轨道间的夹角为 180°。当 2 个 sp 杂化轨道与其他原子轨道重叠成键后就形成直线型分子。

（2）sp^2 杂化

由 1 个 s 轨道与 2 个 p 轨道组合成 3 个 sp^2 杂化轨道的过程称为 sp^2 杂化。每个 sp^2 杂化轨道含有 1/3 的 s 轨道成分和 2/3 的 p 轨道成分，为使轨道间的排斥能最小，3 个 sp^2 杂化轨道呈正三角形分布，夹角为 120°。当 3 个 sp^2 杂化轨道分别与其他 3 个相同原子的轨道重叠成键后，就形成正三角形构型的分子。

（3）sp^3 杂化

由 1 个 s 轨道和 3 个 p 轨道组合成 4 个 sp^3 杂化轨道的过程称为 sp^3 杂化。每个 sp^3 杂化轨道含有 1/4 的 s 轨道成分和 3/4 的 p 轨道成分。为使轨道间的排斥能最小，4 个顶角的 sp^3 杂化轨道间的夹角均为 109.5°。当它们分别与其他 4 个相同原子的轨道重叠成键后，就形成正四面体构型的分子。

表 3-2　常见的含 d 轨道的杂化轨道类型

杂化轨道类型	dp	sd	dp^2, d^2s	d^3s
空间几何构型	直线型	弯曲型	平面三角形	正四面体形
杂化轨道数目	2	2	3	4
杂化轨道类型	d^4s, d^2sp^2	d^3p^3	d^4sp	d^4sp^3
空间几何构型	四方锥形	反三角双锥形	三棱柱形	十二面体形
杂化轨道数目	5	6	6	8

3.4 M⁺(H₂O)Ar₂（M=Cu，Au）的理论研究

3.4.1 M⁺(H₂O)Ar₂（M=Cu，Au）的几何结构

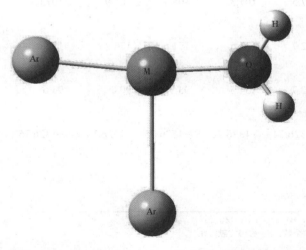

图 3-4　复合物 M⁺(H₂O)Ar₂（M=Cu, Au）异构体 a 的几何结构示意图

由于两个 Ar 原子结合位置不同，$M^+(H_2O)Ar_2$（M=Cu，Au）有两个异构体 a 和 b，图 3-4 给出了 $M^+(H_2O)Ar_2$（M=Cu，Au）异构体 a 的结构示意图。本章在 MP2 水平下，使用 6-311++G** 和 aug-cc-pVDZ 对 $M^+(H_2O)Ar_2$（M=Cu，Au）的几何结构进行了优化。$Cu^+(H_2O)Ar_2$ 和 $Au^+(H_2O)Ar_2$ 异构体 a 的几何参数分别列于表 3-3 和表 3-4 中。

表 3-3 使用 6-311++G**和 aug-cc-pVDZ 基组，在 MP2 水平下计算的 $Cu^+(H_2O)Ar_2$ 异构体 a 的键长 R，键角 θ，总能量 E_t 和 CCSD(T)理论水平下的结合能 ΔE

对称性	C_{2v}		C_s		C_1		
基组	A	B	A	B	A	B	
No. IF[a]	2	2	1	1	0	0	
R_{Ar1-Cu}/nm	0.2388	0.2448	0.2219	0.2244	0.2219	0.2244	0.2322[b]
R_{Ar2-Cu}/nm	0.2388	0.2448	0.2788	0.3013	0.2789	0.3018	0.2778[b]
R_{Cu-O}/nm	0.1909	0.1908	0.1878	0.1878	0.1880	0.1880	0.1930[b]
R_{O-H}/nm	0.0964	0.0968	0.0964	0.0968	0.0965	0.0969	0.0964[b]
$\Theta_{(H-O-H)}$/(°)	107.5	107.3	108.1	107.9	107.6	107.2	107.1[b]
$\theta_{(Ar1-Cu-O)}$/(°)	132.7	134.5	171.6	176.2	172.0	176.0	163.5[b]
$\theta_{(Ar2-Cu-O)}$/(°)	132.7	134.5	93.9	90.4	93.6	90.7	100.8[b]
E_t/hartree	−1326.74	−1326.72	−1326.75	−1326.73	−1326.75	−1326.73	
ΔE/kJ·mol^{-1}					8.4	10.5	

① A: 6-311++G**；B: aug-cc-pVDZ。
② a: No. IF 为虚频个数，b: 参考文献[94]。

Cu$^+$(H$_2$O)Ar$_2$ 的异构体 a 中两个 Ar 原子都与贵金属离子 M$^+$相连，有三个可能的构型，分别具有 C_{2v}，C_s 和 C_1 对称性，MP2 方法的计算显示 C_{2v} 结构有两个虚频，C_s 结构具有一个虚频，而对称性为 C_1 的几何构型的所有频率都为正值，并且 C_1 结构的总能量低于 C_{2v} 和 C_s 结构的能量，可见 Cu$^+$(H$_2$O)Ar$_2$ 的基态结构具有 C_1 对称性。在基态结构中，Cu$^+$(H$_2$O)Ar$_2$ 中两个 O-H 键长度相同，使用 6-311++G** 和 aug-cc-pVDZ 计算的结果分别为 0.0965 nm 和 0.0969 nm。MP2/aug-cc-pVDZ 水平下计算得到的两个 Ar-Cu-O 键角分别为 176.0º 和 90.7º，显然，一个 Ar 原子与 Cu, O 近似呈直线排列，Ar-Cu 键的长度为 0.2244 nm，而另一个 Ar 原子从垂直于 Cu、O 连线的方向上与 Cu$^+$相连，此 Ar-Cu 键的键长为 0.3018 nm，可见从垂直于 Cu、O 连线方向与 Cu$^+$相连的 Ar 原子受到相对较大的排斥力。另外，使用 6-311++G**基组可知 Ar-Cu-O 三原子所成的角度分别为 172.0º 和 93.6º，与以前报道中的理论值 163.5º 和 100.8º[94]比较接近。

表 3-4　使用 6-311++G**和 aug-cc-pVDZ 基组，在 MP2 水平下计算的 Au$^+$(H$_2$O)Ar$_2$ 异构体 a 的键长 R，键角θ，总能量 E_t 和 CCSD(T)理论水平下的结合能ΔE

对称性	C_s		C_1	
基组	A	B	A	B
No. IF[a]	1	2	0	0
$R_{(Ar1-Au)}$/nm	0.2653	0.2695	0.2399	0.2429
$R_{(Ar2-Au)}$/nm	0.2653	0.2695	0.3096	0.3103
$R_{(Au-O)}$/nm	0.2136	0.2133	0.2.\089	0.2093
$R_{(O-H)}$/nm	0.0967	0.0972	0.0967	0.0973
$\theta_{(H-O-H)}$/(º)	106.7	106.1	107.0	106.3
$\theta_{(Ar1-Au-O)}$/(º)	138.6	140.2	178.3	178.2
$\theta_{(Ar2-Au-O)}$/(º)	138.6	140.2	86.7	94.2
E_t/hartree	−1265.3934	−1265.3797	−1265.3979	−1265.3840
ΔE/kJ·mol^{-1}			5.0	7.5

① A：6-311++G**；B：aug-cc-pVDZ。

② a：No. IF 为虚频个数。

表 3-4 给出了 Au$^+$(H$_2$O)Ar$_2$ 异构体 a 优化后的几何参数，Au$^+$(H$_2$O)Ar$_2$ 异构体 a 有两个对称性分别为 C_s 和 C_1 几何构型，但是 C_s 结构中有虚频存在，并且其能

量高于 C_1 结构的总能量，因此 MP2 方法预言了 $Au^+(H_2O)Ar_2$ 异构体 a 的结构具有 C_1 对称性，并且 Au，O 和一个 Ar 原子这三个原子近似形成直线结构，使用 6-311++G** 基组计算的 Ar-Au 键键长为 0.2399 nm，而 Au，O 和另一个 Ar 原子构成的角度近似为 90°，其相应的 Ar-Au 键键长为 0.3096 nm，可见，与 $Cu^+(H_2O)Ar_2$ 类似，$Au^+(H_2O)Ar_2$ 中与 Au-O 垂直的 Ar-Au 键较弱。

图 3-5 给出了 $M^+(H_2O)Ar_2$（M=Cu，Au）异构体 b 的结构示意图，在异构体 b 中，一个 Ar 原子与 H_2O 分子的 H 原子相连，另一个 Ar 原子与 M^+（M=Cu，Au）连接。表 3-5 给出了 $Cu^+(H_2O)Ar_2$ 和 $Au^+(H_2O)Ar_2$ 的异构体 b 优化后的几何参数，MP2 方法的计算显示 $Cu^+(H_2O)Ar_2$ 有对称性分别为 C_s 和 C_1 的两个结构，$Au^+(H_2O)Ar_2$ 的异构体 b 只有一个对称性为 C_1 的结构，而在 $Cu^+(H_2O)Ar_2$ 的 C_s 结构中发现了一个虚频。可见，$Cu^+(H_2O)Ar_2$ 和 $Au^+(H_2O)Ar_2$ 体系异构体 b 的基态结构都具有 C_1 对称性。

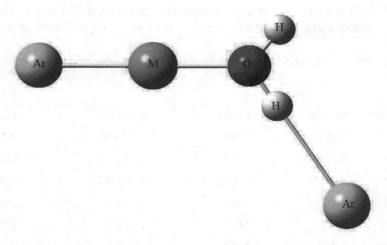

图 3-5 复合物 $M^+(H_2O)Ar_2$（M=Cu，Au）异构体 b 的几何结构示意图

在 MP2/6-311++G** 水平下，$Cu^+(H_2O)Ar_2$ 和 $Au^+(H_2O)Ar_2$ 的异构体 b 中的 Ar-H 键键长分别为 0.2385 nm 和 0.2362 nm，Ar-Cu 和 Ar-Au 键键长分别为 0.2195 nm 和 0.2384 nm。另外，对于含 Cu 和 Au 的体系，自由的 O-H 键长分别为 0.0965 nm 和 0.0968 nm，另一个与 Ar 原子相连的 O-H 键长分别为 0.0967 nm 和 0.0970 nm。显然，Ar 原子与 O-H 键相连使得相应的 O-H 键有一定的伸长。使用基组

aug-cc-pVDZ 也可以得到同样的结论，对于 $Cu^+(H_2O)Ar_2$ 和 $Au^+(H_2O)Ar_2$ 体系，计算得到的伸长量都为 0.0003 nm。

表 3-5　使用 6-311++G** 和 aug-cc-pVDZ 基组，在 MP2 水平下计算的 $M^+(H_2O)Ar_2$（M=Cu，Au）异构体 b 的键长 R，键角 θ，总能量 E_t 和 CCSD(T)理论水平下的结合能 ΔE

参数	复合物					
	$Cu^+(H_2O)Ar_2$				$Au^+(H_2O)Ar_2$	
对称性	C_s		C_1		C_1	
基组	A	B	A	B	A	B
No. IF[a]	1	1	0	0	0	0
$R_{(Ar-M)}$/nm	0.2195	0.2231	0.2195	0.2231	0.2384	0.2409
$R_{(Ar-H)}$/nm	0.2388	0.2368	0.2385	0.2372	0.2362	0.2336
$R_{(M-O)}$/nm	0.1856	0.1863	0.1858	0.1865	0.2069	0.2071
$R_{(O-H1)}$[b]/nm	0.0966	0.0971	0.0967	0.0972	0.0970	0.0976
$R_{(O-H2)}$[c]/nm	0.0964	0.0968	0.0965	0.0969	0.0968	0.0973
$\theta_{(H-O-H)}$/(°)	108.5	108.1	107.9	107.3	107.3	106.4
E_t/hartree	−1326.74	−1326.72	−1326.74	−1326.72	−1265.39	−1265.38
ΔE/kJ·mol⁻¹			6.3	8.8	6.7	9.2

① A：6-311++G**；B：aug-cc-pVDZ。
② a：No. IF 为结构中虚频个数，b：$R_{(O-H1)}$ 代表与 Ar 原子相连的 O-H 键键长，c：$R_{(O-H2)}$ 代表自由的 O-H 键键长。

3.4.2 $M^+(H_2O)Ar_2$（M=Cu，Au）的 Ar 原子结合能

本章使用 CCSD(T)方法对 $Cu^+(H_2O)Ar_2$ 和 $Au^+(H_2O)Ar_2$ 基态结构的单点能进行了计算，并计算了 Ar 原子结合能，体系的 Ar 原子结合能的计算公式如下：

$$BE=E[M^+(H_2O)Ar_2] - E[M^+(H_2O)Ar] - E[Ar] \qquad (3-1)$$

其中 $M^+(H_2O)Ar_2$ 的能量包含了基组重叠误差修正。$M^+(H_2O)Ar_2$（M=Cu，Au）异构体 a 和异构体 b 的结合能分别列于表 3-3、表 3-4 和表 3-5 中。对于 $Cu^+(H_2O)Ar_2$ 的异构体 a 和 b，使用基组 6-311++G** 得到的 Ar 原子结合能分别为 8.4 kJ/mol 和 6.3 kJ/mol，而在 CCSD(T)/aug-cc-pVDZ 理论水平下计算的 Ar 原子结合能分别为 10.5 kJ/mol 和 8.8 kJ/mol。可见，异构体 a 的结合能要大于异构体 b 的结合能，异构体 a 比异构体 b 稳定。并且，$Cu^+(H_2O)Ar_2$ 的 Ar 原子结合能低于单个红外光

子的能量，因此单光子红外光解对于 $Cu^+(H_2O)Ar_2$ 来说是可能的，实验上已经观测到了 $Cu^+(H_2O)Ar_2$ 的红外光解光谱（如图 3-1 所示）。

CCSD(T) 的计算显示基组为 6-311++G** 时 $Au^+(H_2O)Ar_2$ 的异构体 a 和 b 的结合能分别为 5.0 kJ/mol 和 6.7 kJ/mol，使用基组 aug-cc-pVDZ 得到的异构体 b 的结合能同样比异构体 a 的结合能高 1.7 kJ/mol，显然，$Au^+(H_2O)Ar_2$ 的异构体 b 比异构体 a 稳定，而且 Ar 原子结合能小于红外光子的能量，可见单个红外光子能够从复合物 $Au^+(H_2O)Ar_2$ 中除去一个 Ar 原子从而可以获得 $Au^+(H_2O)Ar_2$ 的单光子红外光解光谱。然而，遗憾的是目前还没有关于 $Au^+(H_2O)Ar_2$ 红外光解光谱的实验报道。另外，我们发现 $Cu^+(H_2O)Ar_2$ 的稳定结构是异构体 a，而 $Au^+(H_2O)Ar_2$ 和 $Cu^+(H_2O)Ar_2$ 不同，稳定结构是异构体 b，这可能与贵金属离子 Cu^+，Ag^+，Au^+ 的 s-d 杂化有关。贵金属离子的 s-d 杂化使得电子密度移动到与 M-O 轴垂直的位置上，与 Cu^+ 相比，Au^+ 的 s-d 杂化程度更强，可见与复合物 $Cu^+(H_2O)Ar_2$ 相比较，当 $Au^+(H_2O)Ar_2$ 异构体 a 中第二个 Ar 原子在垂直于 M-O 轴的方向上接近的 Au^+ 时受到更大的电子云的排斥力，这与用 MP2 方法优化得到的第二个 Ar 原子与 Au^+ 的长度要长于含铜体系中 Ar-Cu 键键长的情况相一致。因此，在复合物 $Cu^+(H_2O)Ar_2$ 中，两个 Ar 原子最可能同时与 Cu^+ 连接，而 $Au^+(H_2O)Ar_2$ 更倾向于一个 Ar 原子与水分子的 H 相连，另一个 Ar 原子连接到 Au^+ 上。

3.4.3 $M^+(H_2O)Ar_2$（M=Cu，Au）体系的振动频率和红外光谱强度

本章利用 MP2 方法，使用 6-311++G** 和 aug-cc-pVDZ 基组对 $M^+(H_2O)Ar_2$（M=Cu，Au）体系的振动频率和红外光谱强度进行了计算，并利用修正因子 0.94 对所有体系使用 6-311++G** 基组计算得到的 OH 伸缩频率进行了修正，而对在 MP2/aug-cc-pVDZ 水平下得到的频率使用 0.96 进行修正。

$Cu^+(H_2O)Ar_2$ 和 $Au^+(H_2O)Ar_2$ 不同异构体修正后的 OH 伸缩频率列于表 3-6 中，理论计算得到的红外光谱如图 3-6 至图 3-9 所示。在 MP2/6-311++G** 水平下，H_2O 分子修正后的对称和反对称 OH 伸缩频率分别为 3654 cm^{-1} 和 3765 cm^{-1}，而使用基组 aug-cc-pVDZ 得到的相应的频率分别为 3652 cm^{-1} 和 3781 cm^{-1}，另外，由表 2-6 可知，$Cu^+(H_2O)$ 的对称和反对称 OH 伸缩频率分别为 3586 cm^{-1} 和 3678 cm^{-1}，对于 $Au^+(H_2O)$，相应的频率分别为 3547 cm^{-1} 和 3646 cm^{-1}。$Cu^+(H_2O)Ar_2$ 异构体 a

的对称和反对称 OH 伸缩频率与 H_2O 分子的频率相比发生约 65 cm⁻¹ 和 83 cm⁻¹ 的红移，而与 Cu⁺(H_2O)的相应频率相比，Cu⁺(H_2O)Ar₂产生约 3 cm⁻¹ 和 4 cm⁻¹ 的蓝移，由图 3-10 和图 3-12 可以看出，一个和两个 Ar 原子对 Cu⁺(H_2O)红外光谱的影响较小。由图 3-11 和图 3-13 可知，复合物 Au⁺(H_2O)Ar₂ 异构体 a 与 Au⁺(H_2O)相比也可以得到同样的蓝移现象，对称和反对称 OH 伸缩频率蓝移大小分别为 9 cm⁻¹ 和 7 cm⁻¹。M⁺(H_2O)Ar₂（M=Cu，Au）体系异构体 a 的这种蓝移现象是因为 Ar 原子部分减弱了 M⁺ (M = Cu, Au)和 H_2O 之间的相互作用。另外，在 MP2/aug-cc-pVDZ 水平下的计算结果显示 Cu⁺(H_2O)Ar₂ 异构体 a 的对称和反对称 OH 伸缩频率分别为 3604 cm⁻¹ 和 3708 cm⁻¹，这与实验值 3623 cm⁻¹ 和 3696 cm⁻¹ 比较接近。

表 3-6 M⁺(H_2O)Ar₂（M=Cu，Au）体系在 MP2 理论水平下使用基组 6-311++G**和 aug-cc-pVDZ 计算得到的修正后的 OH 对称（ν_{sym}）和反对称（ν_{asym}）伸缩频率，单位：cm⁻¹，及括号内的红外光谱强度

复合物	异构体	基组	ν_{sym}	ν_{asym}
H_2O		A	3654(13)	3765(63)
		B	3652(4)	3781(67)
	Expt.		3657[a]	3756[a]
Cu⁺(H_2O)Ar₂	(a)	A	3589(150)	3682(256)
		B	3604(135)	3708(244)
	(b)	A	3560(346)	3659(366)
		B	3568(367)	3685(343)
	Expt.		3623[b]	3696[b]
Au⁺(H_2O)Ar₂	(a)	A	3556(197)	3653(244)
		B	3561(181)	3668(224)
	(b)	A	3525(418)	3630(346)
		B	3514(438)	3639(321)

A：6-311++G**，B：aug-cc-pVDZ，a：参考文献[125]，b：参考文献[114]。

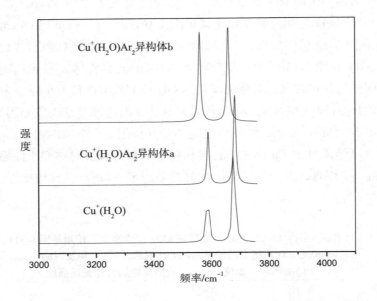

图 3-6 Cu⁺(H₂O)与 Cu⁺(H₂O)Ar₂ 在 OH 伸缩范围的红外光谱

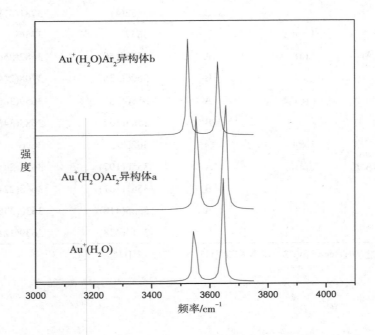

图 3-7 Au⁺(H₂O)与 Au⁺(H₂O)Ar₂ 在 OH 伸缩范围的红外光谱

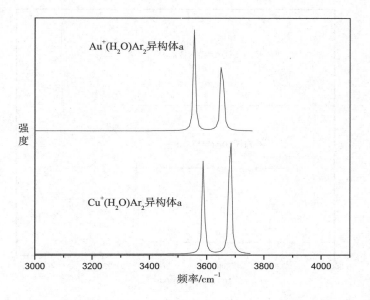

图 3-8 M⁺(H₂O)Ar₂（M＝Cu，Au）异构体 a 在 OH 伸缩范围的红外光谱

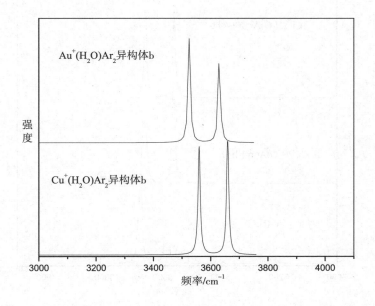

图 3-9 M⁺(H₂O)Ar₂（M＝Cu，Au）异构体 b 在 OH 伸缩范围的红外光谱

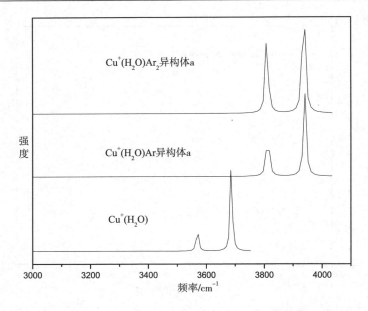

图 3-10 $Cu^+(H_2O)$ 与 $Cu^+(H_2O)Ar_{1,2}$ **异构体 a 在 OH 伸缩范围的红外光谱**

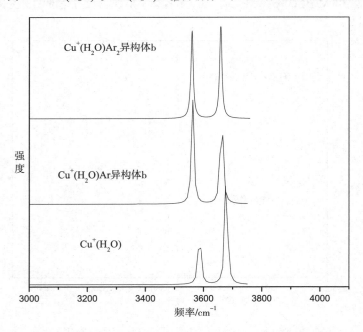

图 3-11 $Cu^+(H_2O)$ 与 $Cu^+(H_2O)Ar_{1,2}$ **异构体 b 在 OH 伸缩范围的红外光谱**

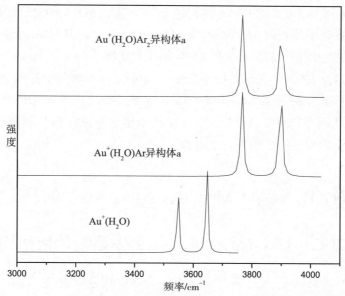

图 3-12 Au$^+$(H$_2$O)与 Au$^+$(H$_2$O)Ar$_{1,2}$ 异构体 a 在 OH 伸缩范围的红外光谱

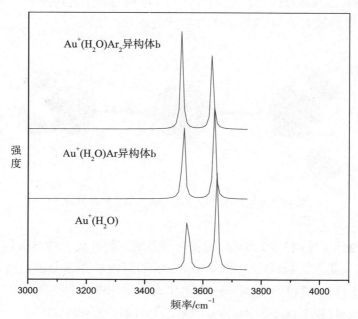

图 3-13 Au$^+$(H$_2$O)与 Au$^+$(H$_2$O)Ar$_{1,2}$ 异构体 b 在 OH 伸缩范围的红外光谱

由表 3-6 可知，$Cu^+(H_2O)Ar_2$ 异构体 b 使用基组 6-311++G** 计算的对称和反对称 OH 伸缩频率分别为 3560 cm^{-1} 和 3659 cm^{-1}，而 $Au^+(H_2O)Ar_2$ 异构体 b 相应的 OH 伸缩频率分别为 3525 cm^{-1} 和 3630 cm^{-1}。显然，与 $Cu^+(H_2O)$ 的频率相比，$Cu^+(H_2O)Ar_2$ 异构体 b 向光谱的红端发生 26 cm^{-1} 和 19 cm^{-1} 的移动，在 Au 的体系中发生的红移值分别为 22 cm^{-1} 和 16 cm^{-1}。从表 3-5 给出的 $M^+(H_2O)Ar_2$（M=Cu，Au）体系的几何参数可知 Ar 原子与 O-H 键相连导致相应 O-H 键的伸长，从而进一步引起相应的 OH 伸缩频率发生红移。

3.5 $M^+(H_2O)_2Ar_{0,1}$（M=Cu，Ag，Au）的理论研究

3.5.1 $M^+(H_2O)_2$（M=Cu，Ag，Au）体系的几何结构和结合能

$M^+(H_2O)_2$（M=Cu，Ag，Au）体系有两个对称性分别为 C_2 和 D_{2d} 的几何构型，D_{2d} 结构中有虚频存在，而 C_2 结构的所有频率全为正值，可见 $M^+(H_2O)_2$（M=Cu，Ag，Au）的基态几何结构具有 C_2 对称性，几何构型如图 3-14 所示，两个 H_2O 分子分别位于贵金属离子 M^+ 两侧，O-M-O 接近于直线结构。

图 3-14 $M^+(H_2O)_2$（M=Cu，Ag，Au）体系的几何结构

表 3-7 给出了使用 MP2 方法计算的该体系的几何参数和 CCSD(T) 方法计算得到的结合能。复合物 $Cu^+(H_2O)_2$ 和 $Au^+(H_2O)_2$ 的第二个 H_2O 分子的结合能分别为 177.1 kJ/mol 和 179.2 kJ/mol，而 $Cu^+(H_2O)$ 和 $Au^+(H_2O)$ 的结合能分别为 164.5 kJ/mol 和 145.3 kJ/mol，显然，Cu 和 Au 体系的第二个 H_2O 分子的结合能大于第一个 H_2O 分子的结合能。Cu 和 Au 系统中的这种反常现象与 Cu^+ 和 Au^+ 中广泛的 s-d 杂化有关。贵金属离子的 s-d 杂化使得电子云移动到垂直于 M-O 轴的位置，这使得第一

个 H_2O 分子感受到高的核电荷，当第二个 H_2O 分子从与第一个 H_2O 分子相反的方向接近 M⁺时也可以感受到高的核电荷，因为第一个 H_2O 分子耗费杂化的能量，第二个键强于第一个键，$Cu^+(H_2O)_2$ 和 $Au^+(H_2O)_2$ 的 M-O 键长度分别为 0.1852 nm 和 0.2052 nm。由表 2-3 可以可知，$Cu^+(H_2O)$ 和 $Au^+(H_2O)$ 中的 M-O 键键长分别为 0.1903 nm 和 0.2092 nm，可见，$M^+(H_2O)_2$ 的 M-O 键比 $M^+(H_2O)$ 相应的 M-O 键要短，这与 Cu 和 Au 体系中第二个 H_2O 分子的结合能大于第一个 H_2O 分子的结合能的情况相一致。然而，对于 Ag 的体系，第二个 H_2O 分子与 Ag⁺的结合比第一个 H_2O 分子与 Ag⁺的结合弱，与 Cu 和 Au 体系相比，含 Ag 体系的不同行为是由于 Ag⁺的 s-d 杂化程度不够强也不够有效。另外，$M^+(H_2O)_2$（M=Cu，Ag，Au）的第二个 H_2O 分子的结合能高于红外光子能量，因此很难通过除去一个 H_2O 分子的方法来得到 $M^+(H_2O)_2$（M=Cu，Ag，Au）的红外光解光谱，那么能否通过添加 Ar 原子的方法来得到红外光谱呢？为了探索通过单光子吸收能否获得 $M^+(H_2O)_2Ar$（M=Cu，Ag，Au）的红外光解光谱，本章从理论上对 $M^+(H_2O)_2Ar$（M=Cu，Ag，Au）做了系统的研究。

表 3-7 $M^+(H_2O)_2$（M=Cu，Ag，Au）体系在 MP2 水平下计算的键长 R 和总能量 E_t 以及 CCSD(T)理论水平下计算的第二个水分子的结合能 ΔE

复合物	对称性	No. IF[a]	E_t/hartree	R_{M-O}/nm	R_{O-H}/nm	ΔE/kJ·mol⁻¹
$Cu^+(H_2O)_2$	C_2	0	−349.1585	0.1852	0.0965	177.1±12.6[b]
	D_{2d}	2	−349.1581	0.1849	0.0964	
$Ag^+(H_2O)_2$	C_2	0	−298.8672	0.2168	0.0964	123.9, 117.6[c]
	D_{2d}	2	−298.8671	0.2167	0.0964	
$Au^+(H_2O)_2$	C_2	0	−287.8090	0.2052	0.0967	179.2, 171.6[c]
	D_{2d}	2	−287.8075	0.2042	0.0964	

a：No. IF 为虚频个数，b：参考文献[48]，c：参考文献[20]。

3.5.2 $M^+(H_2O)_2Ar$（M=Cu，Ag，Au）体系的几何结构

根据 Ar 原子结合位置的不同，$M^+(H_2O)_2Ar$（M=Cu，Ag）有两个异构体 a 和 b，而对于 $Au^+(H_2O)_2Ar$，只发现一个结构（异构体 b），$M^+(H_2O)_2Ar$（M=Cu，Ag）异构体 a 的结构示意图如图 3-15 所示，在异构体 a 中，Ar 原子与贵金属离子 M⁺

（M=Cu，Ag）相连。M⁺(H₂O)₂Ar（M=Cu，Ag，Au）体系的异构体 a 在 MP2 方法下优化得到的几何参数列于表 3-8 中。

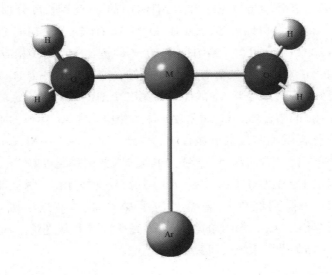

图 3-15 M⁺(H₂O)₂Ar（M=Cu，Ag，Au）体系异构体 a 的几何结构示意图

表 3-8 M⁺(H₂O)₂Ar（M=Cu, Ag）体系的异构体 a 在 MP2 水平下计算的键长 R 和总能量 E_t 以及 CCSD(T) 理论水平下计算的 Ar 原子的结合能 ΔE

参数	复合物					
	Cu⁺(H₂O)₂Ar			Ag⁺(H₂O)₂Ar		
对称性	C_{2v}	C_2		C_{2v}	C_2	
No. IF	2	0		3	0	
R_{M-O1}/nm	0.1860	0.1857	0.1913[a]	0.2198	0.2196	0.2200[a]
R_{M-O2}/nm	0.1860	0.1857	0.1913[a]	0.2198	0.2196	0.2199[a]
R_{O-H}/nm	0.0966	0.0965		0.0963	0.0964	
R_{M-Ar}/nm	0.3132	0.3119	0.3472[a]	0.2878	0.2890	0.3420[a]
E_t/hartree	−876.1150	−876.1160		−825.8271	−825.8273	
ΔE/kJ·mol⁻¹		5.4			7.5	

a：参考文献[94]。

由表 3-8 可知，Cu⁺(H₂O)₂Ar 和 Ag⁺(H₂O)₂Ar 的异构体 a 有两个对称性分别为

C_{2v} 和 C_2 的几何构型，计算结果显示对称性为 C_2 的结构的所有频率都是正的，而 C_{2v} 结构存在虚频，可见，$Cu^+(H_2O)_2Ar$ 和 $Ag^+(H_2O)_2Ar$ 的基态结构具有 C_2 对称性。在基态结构中，Ar 原子沿着与 $M^+(H_2O)_2Ar$（M=Cu，Ag）中 C_2 轴垂直的方向和 M^+ 相连。$Cu^+(H_2O)_2Ar$ 和 $Ag^+(H_2O)_2Ar$ 中相应的 M-Ar 键键长分别为 0.3119 nm 和 0.2890 nm，显然，Cu^+-Ar 键要长于 $Ag^+(H_2O)_2Ar$ 的 Ag^+-Ar 键，这是由于 M^+ 的 4s-3d 杂化使得电子密度移动到与金属-离子轴垂直的位置上，与含 Ag 体系相比，$Cu^+(H_2O)_2Ar$ 中的 Ar 原子受到较大的来自电子云的排斥力。另外，与 $Cu^+(H_2O)_2$ 和 $Ag^+(H_2O)_2$ 相比，$Au^+(H_2O)_2$ 的 s-d 杂化程度最高，当 Ar 原子从与 M-O 连线垂直的方向上接近 Au^+ 时，它受到非常大的来自电子云的排斥力，这可能导致 Ar 原子与 Au^+ 相连的异构体 a 不存在，而只发现一个异构体，在这个异构体中 Ar 原子与一个 H_2O 分子中的 H 原子相连。

图 3-16 给出了 $M^+(H_2O)_2Ar$（M=Cu，Ag，Au）异构体 b 的几何结构示意图，在异构体 b 中，Ar 原子与 H_2O 分子的 H 原子相连。$M^+(H_2O)_2Ar$（M=Cu，Ag，Au）体系异构体 b 的几何参数和 Ar 原子结合能列于表 3-9 中。

表 3-9 $M^+(H_2O)_2Ar$（M=Cu，Ag，Au）体系的异构体 b 在 MP2 水平下计算的键长 R 和总能量 E_t 以及 CCSD(T) 理论水平下计算的 Ar 原子的结合能 ΔE

参数	复合物						
	$Cu^+(H_2O)_2Ar$			$Ag^+(H_2O)_2Ar$			$Au^+(H_2O)_2Ar$
对称性	C_s	C_1		C_s	C_1		C_1
No. IF	3	0		1	0		0
R_{M-O1}/nm	0.1853	0.1853	0.1907	0.2168	0.2167	0.2193	0.2052
R_{M-O2}/nm	0.1850	0.1849	0.1903	0.2159	0.2161	0.2188	0.2048
R_{O-H1}[a]/nm	0.0964	0.0965		0.0963	0.0964		0.0967
R_{O-H2}[b]/nm	0.0965	0.0967		0.0964	0.0965		0.0970
R_{Ar-H}/nm	0.2410	0.2409	0.2465	0.2479	0.2475	0.2519	0.2380
E_t/hartree	−876.1147	−876.1162		−825.8246	−825.8246		−814.7672
ΔE/kJ·mol⁻¹		5.9			5.0		6.3

a：R_{O-H1} 代表自由的 O-H 键键长，b：R_{O-H2} 代表与 Ar 原子相连的 O-H 键键长，c：参考文献[60]。

MP2 的计算预测 $M^+(H_2O)_2Ar$（M=Cu，Ag，Au）的异构体 b 有两个对称性分别为 C_s 和 C_1 的几何构型，$Au^+(H_2O)_2Ar$ 有一个对称性为 C_1 的结构。研究发现含

Cu 和 Ag 体系的 C_s 结构存在虚频，M$^+$(H$_2$O)$_2$Ar（M=Cu，Ag，Au）的基态结构都是 C_1 对称的。计算结果显示 Cu$^+$(H$_2$O)$_2$Ar、Ag$^+$(H$_2$O)$_2$Ar 和 Au$^+$(H$_2$O)$_2$Ar 中与 Ar 原子相连的 O-H 键键长分别为 0.0967 nm、0.0965 nm 和 0.0970 nm，相应的自由的 O-H 键长分别为 0.0965 nm、0.0964 nm 和 0.0967 nm，显然，Ar 原子与 O-H 键的连接导致相应的 O-H 键伸长，对于含 Cu、Ag 和 Au 的体系，O-H 键的伸长量分别为 0.0002 nm、0.0001 nm 和 0.0003 nm。

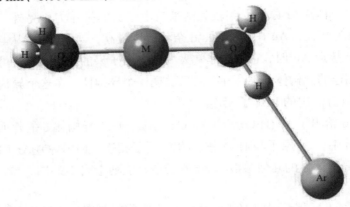

图 3-16 M$^+$(H$_2$O)$_2$Ar（M=Cu，Ag，Au）体系异构体 b 的几何结构示意图

3.5.3 M$^+$(H$_2$O)$_2$Ar（M=Cu，Ag，Au）体系的稳定性

本章使用 CCSD(T)方法对 Cu$^+$(H$_2$O)$_2$Ar，Ag$^+$(H$_2$O)$_2$Ar 和 Au$^+$(H$_2$O)$_2$Ar 基态结构的单点能进行了计算，表 3-8 和表 3-9 中给出的 M$^+$(H$_2$O)$_2$Ar（M=Cu，Ag，Au）体系的 Ar 原子结合能的计算公式如下：

$$BE=E[M^+(H_2O)_2Ar] - E[M^+(H_2O)_2] - E[Ar] \qquad (3-2)$$

其中 M$^+$(H$_2$O)$_2$Ar（M=Cu，Ag，Au）的能量包含了对基组重叠误差的均衡修正。Cu$^+$(H$_2$O)$_2$Ar 异构体 a 和 b 的 Ar 原子结合能分别为 5.4 kJ/mol 和 5.9 kJ/mol，显然异构体 b 的结合能稍大于异构体 a 的结合能，则异构体 b 略稳定一些。这种情况可能是因为 Cu$^+$ 的 4s-3d 杂化使得电子云转移到与 M$^+$-O 连线相垂直的地方，当 Cu$^+$(H$_2$O)$_2$Ar 异构体 a 中 Ar 原子沿着与 M$^+$-O 连线相垂直的方向接近 Cu$^+$时，Ar 原子受到很大的排斥力，因此对于 Cu$^+$(H$_2$O)$_2$Ar 来说，与异构体 b 相比，异构体 a 的稳定性稍差。而且，Cu$^+$(H$_2$O)$_2$Ar 的 Ar 原子结合能低于红外光子的能量，通过单光子吸收能够使 Cu$^+$(H$_2$O)$_2$Ar 解离。

对于复合物 $Ag^+(H_2O)_2Ar$ 的异构体 a 和 b，计算得到的 Ar 原子结合能分别为 7.5 kJ/mol 和 5.0 kJ/mol。显然，与异构体 b 相比，异构体 a 更加稳定，并且 Ar 原子结合能小于单光子能量，因此单个红外光子能够将 Ar 原子从复合物 $Ag^+(H_2O)_2Ar$ 中除去。而对于 $Au^+(H_2O)_2Ar$，Ar 原子结合能为 6.3 kJ/mol，它小于 OH 伸缩范围的红外光子能量，这显示了单个红外光子有足够的能量使 $Au^+(H_2O)_2Ar$ 发生解离。实验中已经观测到了 $Cu^+(H_2O)_2Ar$ 和 $Ag^+(H_2O)_2Ar$ 的红外光解光谱，但遗憾的是目前还没有关于 $Au^+(H_2O)_2Ar$ 红外光解光谱的实验报道。

3.5.4 $M^+(H_2O)_2Ar_{0,1}$（M=Cu，Ag，Au）的振动频率

$M^+(H_2O)_2Ar_{0,1}$（M=Cu，Ag，Au）的振动频率和红外光谱强度列于表 3-10 中，本章利用修正因子 0.94 对所有体系在 MP2/6-311++G**水平下计算得到的 OH 伸缩频率进行了修正。图 3-17 至图 3-22 给出了理论计算得到的 $M^+(H_2O)_2$ 和 $M^+(H_2O)_2Ar_{0,1}$（M = Cu，Ag，Au）的红外光谱。

从上一章的研究可知，在 MP2/6-311++G**水平下得到的 H₂O 分子的对称和反对称 OH 伸缩频率修正后的值分别为 3654 cm⁻¹ 和 3765 cm⁻¹，$Cu^+(H_2O)_2$ 的对称 OH 伸缩频率位于 3581 cm⁻¹ 和 3584 cm⁻¹，退化的反对称频率位于 3675 cm⁻¹。对于 $Au^+(H_2O)_2$，对称 OH 伸缩频率分别为 3555 cm⁻¹ 和 3560 cm⁻¹，退化的反对称 OH 伸缩频率为 3653 cm⁻¹。显然，与单个 H₂O 分子的频率相比，$Cu^+(H_2O)_2$ 和 $Au^+(H_2O)_2$ 的对称和反对称 OH 伸缩频率发生红移。在 $Ag^+(H_2O)_2$ 中发现了同样的红移趋势，并且对称 OH 伸缩频率的红移量值为 54 cm⁻¹ 和 51 cm⁻¹，而反对称 OH 伸缩频率的红移值为 66 cm⁻¹。这种红移现象是由于贵金属离子 M⁺（M=Cu，Ag，Au）与 H₂O 之间的相互作用使 O-H 键减弱。此外，$Cu^+(H_2O)_2$ 和 $Au^+(H_2O)_2$ 中的红移量大于 $Ag^+(H_2O)_2$ 相应的红移量，这与 $Cu^+(H_2O)_2$ 和 $Au^+(H_2O)_2$ 的 H₂O 分子结合能大于 $Ag^+(H_2O)_2$ 的结合能这个情况相一致。

由表 3-10 可知，$Cu^+(H_2O)_2Ar$ 异构体 a 的 OH 伸缩频率几乎与 $Cu^+(H_2O)_2$ 相应的频率相同，由图 3-17 也可以得到此结论。就 $Ag^+(H_2O)_2Ar$ 异构体 a 来说，OH 伸缩频率为 3605 cm⁻¹ 和 3606 cm⁻¹，退化的反对称 OH 伸缩频率为 3704 cm⁻¹。由图 3-18 可以看出，与 $Ag^+(H_2O)_2$ 的 OH 伸缩频率相比，$Ag^+(H_2O)_2Ar$ 的频率发生蓝移，其中对称 OH 伸缩频率的蓝移值为 5 cm⁻¹ 和 3 cm⁻¹，反对称伸缩频率的蓝移大小为 5 cm⁻¹，$Ag^+(H_2O)_2Ar$ 异构体 a 的这种蓝移是由于 Ar 原子与 Ag⁺ 连接稍

微减弱 Ag^+ 与 H_2O 之间的相互作用，使 O-H 键略微加强。

表 3-10 $M^+(H_2O)_2Ar_{0,1}$（M=Cu，Ag，Au）体系在 MP2 理论水平下使用基组 6-311++G** 计算得到的修正后的 OH 对称（v_{sym}）和反对称（v_{asym}）伸缩频率，单位：cm^{-1}；及括号内的红外光谱强度

复合物	$Cu^+(H_2O)_2$	$Cu^+(H_2O)_2Ar$ 异构体 a	$Cu^+(H_2O)_2Ar$ 异构体 b	Expt.[a]
v_{sym}	3581(285)	3580(268)	3562(334)	3590
	3584(8)	3583(13)	3582(110)	3630
v_{asym}	3675(245)	3674(209)	3659(345)	3685
	3675(275)	3674(288)	3674(257)	3710
复合物	$Ag^+(H_2O)_2$	$Ag^+(H_2O)_2Ar$ 异构体 a	$Ag^+(H_2O)_2Ar$ 异构体 b	Expt.[a]
v_{sym}	3600(240)	3605(216)	3594(269)	3630
	3603(4)	3606(2)	3602(74)	
v_{asym}	3699(206)	3704(87)	3691(303)	3711
	3699(230)	3704(319)	3699(217)	
复合物	$Au^+(H_2O)_2$		$Au^+(H_2O)_2Ar$ 异构体 b	
v_{sym}	3555(357)		3531(400)	
	3560(17)		3558(146)	
v_{asym}	3653(197)		3634(334)	
	3653(295)		3653(243)	

a：参考文献[60]。

由前面分析可知，在异构体 b 中，Ar 原子与 O-H 键的连接导致相应的 O-H 键伸长，对于含 $Cu^+(H_2O)_2Ar$，$Ag^+(H_2O)_2Ar$ 和 $Au^+(H_2O)_2Ar$ 体系，O-H 键的伸长量分别为 0.0002 nm、0.0001 nm 和 0.0003 nm，这伴随着相应 OH 伸缩振动的红移，此结果与图 3-17、图 3-18 和图 3-19 显示的结果一致。很明显，$Cu^+(H_2O)_2Ar$ 和 $Ag^+(H_2O)_2Ar$ 中红移较大的频率对 3562/3659 cm^{-1} 和 3594/3691 cm^{-1} 是由于 H_2O 与 Ar 原子相连，$Cu^+(H_2O)_2Ar$ 和 $Ag^+(H_2O)_2Ar$ 中红移较小的频率对 3582/3674 cm^{-1} 和 3602/3699 cm^{-1} 是由离 Ar 原子较远的 H_2O 分子振动产生的。对于 $Au^+(H_2O)_2Ar$ 来说，对称 OH 伸缩频率为 3531 cm^{-1} 和 3558 cm^{-1}，反对称 OH 伸缩频率为 3634 cm^{-1} 和 3653 cm^{-1}。显然，$Au^+(H_2O)_2Ar$ 的 OH 伸缩频率与 $Au^+(H_2O)_2$ 的频率相比产生

了红移，较大红移的频率对 3531/3634 cm⁻¹ 是由与 Ar 原子相连的 H_2O 分子振动得到的。

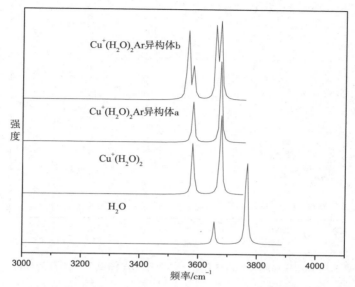

图 3-17 Cu⁺(H₂O)₂ 和 Cu⁺(H₂O)₂Ar 体系在 OH 伸缩范围的红外光谱

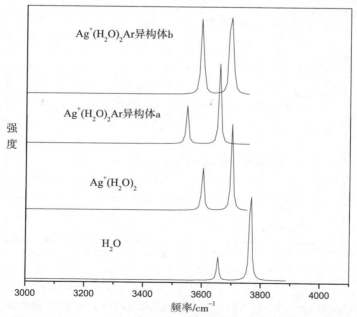

图 3-18 Ag⁺(H₂O)₂ 和 Ag⁺(H₂O)₂Ar 体系在 OH 伸缩范围的红外光谱

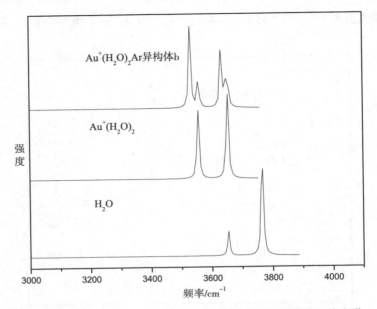

图 3-19 Au⁺(H₂O)₂ 和 Au⁺(H₂O)₂Ar 体系在 OH 伸缩范围的红外光谱

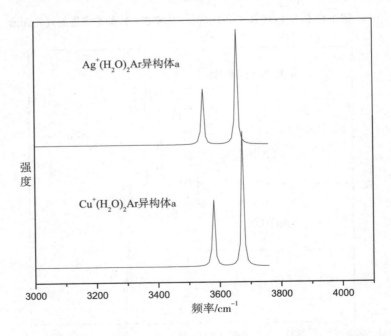

图 3-20 Cu⁺(H₂O)₂Ar 和 Ag⁺(H₂O)₂Ar 体系异构体 a 在 OH 伸缩范围的红外光谱

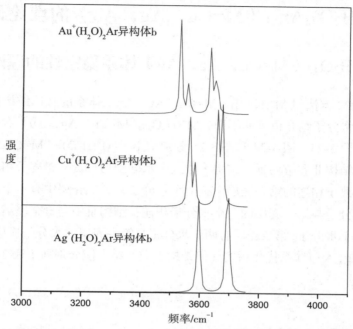

图 3-21 M⁺(H₂O)₂Ar（M=Cu，Ag，Au）体系异构体 b 在 OH 伸缩范围的红外光谱

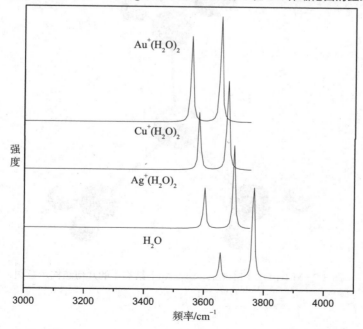

图 3-22 M⁺(H₂O)₂（M＝Cu，Ag，Au）体系在 OH 伸缩范围的红外光谱

3.6 $M^+(H_2O)_3Ar_{0,1}$（M=Cu，Ag，Au）的理论研究

3.6.1 $M^+(H_2O)_3$（M=Cu，Ag，Au）体系稳定性的理论研究

使用 MP2 方法对 $M^+(H_2O)_3$（M=Cu，Ag，Au）体系的几何结构进行优化后发现，由于水分子结合位置的不同，$M^+(H_2O)_3$（M=Cu，Ag，Au）有三种可能的几何结构，图 3-23、图 3-24 和图 3-25 分别给出了 $M^+(H_2O)_3$（M=Cu，Ag，Au）的结构Ⅰ、结构Ⅱ和结构Ⅲ，结构Ⅰ中三个水分子均与贵金属离子相连；结构Ⅱ中与贵金属离子相连的第一壳层中有两个水分子，第二壳层中有一个水分子，第二壳层的水分子与第一壳层的一个水分子相连；结构Ⅲ中与贵金属离子相连的第一壳层有一个水分子，第二壳层有两个水分子与第一壳层的水分子连接。$M^+(H_2O)_3$（M=Cu，Ag，Au）体系优化后的几何结构参数和结合能分别列于表 3-11、表 3-12 和表 3-13 中。

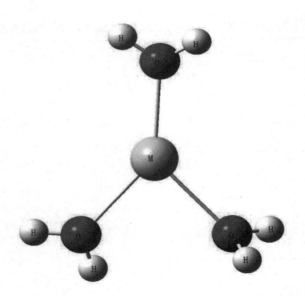

图 3-23 $M^+(H_2O)_3$（M=Cu，Ag，Au）结构Ⅰ的几何结构示意图

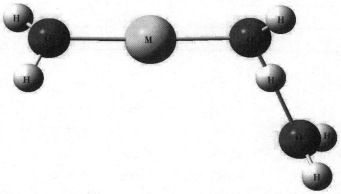

图 3-24 $M^+(H_2O)_3$（M=Cu，Ag，Au）结构 Ⅱ 的几何结构示意图

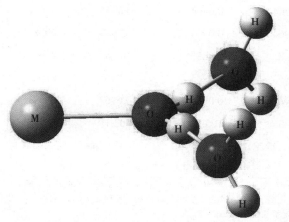

图 3-25 $M^+(H_2O)_3$（M=Cu，Ag，Au）结构 Ⅲ 的几何结构示意图

由表 3-11 可知，$Ag^+(H_2O)_3$ 结构 Ⅰ 有两种可能的几何结构，对称性分别为 C_s 和 C_1，其基态几何结构具有 C_1 对称性，而结构 Ⅱ 和结构 Ⅲ 的基态结构分别具有 C_1 和 C_{2v} 对称性，并且结构 Ⅰ，Ⅱ 和 Ⅲ 基态结构的总能量分别为–375.1730 hartree，–375.1701 hartree 和–375.1445 hartree，可见，对称性为 C_1 的结构 Ⅰ 的总能量明显低于另两个结构的总能量。显然，$Ag^+(H_2O)_3$ 能量最低的几何结构中三个水分子均与 Ag^+ 相连，具有 C_1 对称性，其水分子结合能为 80.4 kJ/mol，此水分子结合能明显高于单个红外光子的能量。

表 3-11 Ag⁺(H₂O)₃ 体系在 MP2 水平下计算的键长 R，键角 θ，总能量 E_t
和 CCSD(T)理论水平下的结合能 ΔE

参数	Ag⁺(H₂O)₃				
	结构 I		结构 II		结构 III
对称性	C_s	C_1	C_{2v}	C_1	C_{2v}
No. IF[a]	3	0	5	0	0
$R_{(M-O1)}$/nm	0.2222	0.2.223	0.2261	0.2165	0.2129
$R_{(M-O2)}$/nm	0.2330	0.2330	0.2261	0.2125	0.4146
$R_{(M-O3)}$/nm	0.2274	0.2276	0.4258	0.4097	0.4146
$R_{(O-H1)}$[b]/nm	0.0963	0.0963	0.0962	0.0964	0.0981
$R_{(O-H2)}$[b]/nm	0.0963	0.0963	0.0965	0.0964	0.0981
$\theta_{(H-O-H)}$[b]/(°)	106.2	105.8	107.5	106.4	110.7
$R_{(O-H1)}$[c]/nm	0.0964	0.0964	0.0965	0.0962	0.0962
$R_{(O-H2)}$[c]/nm	0.0964	0.0964	0.0962	0.0988	0.0962
$\theta_{(H-O-H)}$[c]/(°)	104.8	104.8	107.5	108.0	104.9
$R_{(O-H1)}$[d]/nm	0.0963	0.0963	0.0963	0.0962	0.0962
$R_{(O-H2)}$[d]/nm	0.0962	0.0963	0.0963	0.0963	0.0962
$\theta_{(H-O-H)}$[d]/(°)	106.3	105.8	102.1	105.1	104.9
E_t/hartree	−375.1728	−375.1730	−375.1490	−375.1701	−375.1445
ΔE/kJ·mol⁻¹		80.4		40.2	45.2

a: No. IF 为结构中虚频的个数，b: $R_{(O-H1)}$, $R_{(O-H2)}$和$\theta_{(H-O-H)}$分别表示第一个水分子中两个 O-H 键键长和∠HOH，c: $R_{(O-H1)}$, $R_{(O-H2)}$和$\theta_{(H-O-H)}$分别表示第二个水分子中两个 O-H 键键长和∠HOH，d: $R_{(O-H1)}$, $R_{(O-H2)}$和$\theta_{(H-O-H)}$分别表示第三个水分子中两个 O-H 键键长和∠HOH。

由表 3-12 可知，Au⁺(H₂O)₃ 结构 I 的基态几何结构具有 C_1 对称性，而结构 II 和结构 III 的基态结构分别具有 C_1 和 C_s 对称性。结构 I，II 和 III 基态结构的总能量分别为–364.1050 hartree、–364.1165 hartree 和–364.0685 hartree，可见，对称性为 C_1 的结构 II 的总能量明显低于另两个结构的总能量。显然，Au⁺(H₂O)₃ 能量最低的几何结构具有 C_1 对称性，其中两个水分子与 Au⁺相连，另一个水分子在第二壳层中与第一壳层中的水分子连接，第二壳层的水分子使得第一壳层中与其连接的 O-H 键大大伸长，并且此水分子结合能为 82.9 kJ/mol，显然此水分子结合能明显高于单个红外光子的能量。

表 3-12 Au⁺(H₂O)₃ 体系在 MP2 水平下计算的键长 R，键角 θ，总能量 E_t 和 CCSD(T)理论水平下的结合能ΔE

参数	Au⁺(H₂O)₃					
	结构 I			结构 II		结构 III
对称性	C_{2v}	C_2	C_1	C_s	C_1	C_s
No. IF[a]	3	1	0	3	0	0
$R_{(M-O1)}$/nm	0.2074	0.2072	0.2070	0.2049	0.2054	0.2044
$R_{(M-O2)}$/nm	0.2074	0.2072	0.2070	0.2017	0.2023	0.3991
$R_{(M-O3)}$/nm	0.2766	0.2673	0.2696	4.026	0.3925	0.3991
$R_{(O-H1)}$[b]/nm	0.0967	0.0967	0.0967	0.0963	0.0967	0.0991
$R_{(O-H2)}$[b]/nm	0.0967	0.0967	0.0967	0.0963	0.0967	0.0991
$\theta_{(H-O-H)}$[b]/(°)	106.5	106.9	107.1	110.1	107.2	115.1
$R_{(O-H1)}$[c]/nm	0.0967	0.0967	0.0967	0.0961	0.0965	0.0962
$R_{(O-H2)}$[c]/nm	0.0967	0.0967	0.0967	0.0999	0.1002	0.0962
$\theta_{(H-O-H)}$[c]/(°)	106.5	106.9	107.1	112.2	108.6	105.4
$R_{(O-H1)}$[d]/nm	0.0963	0.0964	0.0964	0.0963	0.0962	0.0962
$R_{(O-H2)}$[d]/nm	0.0963	0.0964	0.0964	0.0963	0.0963	0.0962
$\theta_{(H-O-H)}$[d]/(°)	103.2	103.8	103.6	105.9	105.7	105.4
E_t/hartree	−364.1013	−364.1049	−364.1050	−364.1134	−364.1165	−364.0685
ΔE/kJ·mol⁻¹			45.6		82.9	41.0

a: No. IF 为结构中虚频的个数，b: $R_{(O-H1)}$, $R_{(O-H2)}$和$\theta_{(H-O-H)}$分别表示第一个水分子中两个 O-H 键键长和$\angle HOH$, c: $R_{(O-H1)}$, $R_{(O-H2)}$和$\theta_{(H-O-H)}$分别表示第二个水分子中两个 O-H 键键长和$\angle HOH$, d: $R_{(O-H1)}$, $R_{(O-H2)}$和$\theta_{(H-O-H)}$分别表示第三个水分子中两个 O-H 键键长和$\angle HOH$。

　　由表 3-13 可知，Cu⁺(H₂O)₃ 三种可能的结构 I，II 和 III 基态结构的总能量分别为–425.4551 hartree，–425.4647 hartree 和–425.4154 hartree，可见，对称性为 C_1 的结构 II 的总能量明显低于另两个结构的总能量。显然，Cu⁺(H₂O)₃ 能量最低的几何结构具有 C_1 对称性，其中两个水分子与 Cu⁺相连，另一个水分子在第二壳层中与第一壳层中的水分子连接，第二壳层水分子使得与其相连的 O-H 键伸长，并且其水分子结合能为 78.3 kJ/mol，此水分子结合能明显高于单个红外光子的能量。

表 3-13 $Cu^+(H_2O)_3$ 体系在 MP2 水平下计算的键长 R，键角 θ，总能量 E_t
和 CCSD(T)理论水平下的结合能 ΔE

参数	$Cu^+(H_2O)_3$					
	结构 I	结构 II		结构 III		
对称性	C_1	C_2	C_1	C_{2v}	C_2	C_s
No. IF[a]	0	1	0	4	1	0
$R_{(M-O1)}$/nm	0.1904	0.2307	0.3846	0.1839	0.1842	0.1844
$R_{(M-O2)}$/nm	0.2037	0.1882	0.1828	0.3991	0.3881	0.3858
$R_{(M-O3)}$/nm	0.2037	0.1882	0.1855	0.3989	0.3881	0.3858
$R_{(O-H1)}$[b]/nm	0.0963	0.0964	0.0962	0.0962	0.0987	0.0987
$R_{(O-H2)}$[b]/nm	0.0963	0.0964	0.0963	0.0962	0.0987	0.0987
$\theta_{(H-O-H)}$[b]/(°)	107.5	104.8	105.6	110.7	112.0	111.4
$R_{(O-H1)}$[c]/nm	0.0964	0.0965	0.0963	0.0962	0.0962	0.0962
$R_{(O-H2)}$[c]/nm	0.0964	0.0965	0.0997	0.0962	0.0962	0.0962
$\theta_{(H-O-H)}$[c]/(°)	105.9	107.2	109.2	105.1	105.2	105.2
$R_{(O-H1)}$[d]/nm	0.0964	0.0965	0.0965	0.0962	0.0962	0.0963
$R_{(O-H2)}$[d]/nm	0.0964	0.0965	0.0965	0.0962	0.0962	0.0962
$\theta_{(H-O-H)}$[d]/(°)	105.9	107.2	107.6	105.1	105.2	105.2
E_t/hartree	−425.4551	−425.4581	−425.4647	−425.4113	−425.4153	−425.4154
ΔE/kJ·mol⁻¹	38.1	78.3				33.9

a: No. IF 为结构中虚频的个数，b: $R_{(O-H1)}$，$R_{(O-H2)}$和$\theta_{(H-O-H)}$分别表示第一个水分子中两个 O-H 键键长和$\angle HOH$，c: $R_{(O-H1)}$，$R_{(O-H2)}$和$\theta_{(H-O-H)}$分别表示第二个水分子中两个 O-H 键键长和$\angle HOH$，d: $R_{(O-H1)}$，$R_{(O-H2)}$和$\theta_{(H-O-H)}$分别表示第三个水分子中两个 O-H 键键长和$\angle HOH$。

3.6.2 $M^+(H_2O)_3Ar$（M=Cu，Ag，Au）体系结构和振动频率

在 $M^+(H_2O)_3$（M=Cu，Ag，Au）体系研究的基础上，采用二阶微扰论的方法对 $M^+(H_2O)_3Ar$（M=Cu，Ag，Au）进行了几何结构优化。图 3-26 和图 3-27 分别给出了 $Ag^+(H_2O)_3Ar$ 和 $M^+(H_2O)_3Ar$（M=Cu，Au）基态的几何结构，在此结构中 Ar 原子与 Ag^+ 相连，其结构参数和 Ar 原子结合能列于表 3-14 中。

由表 3-14 可知，Ar 原子与 Ag^+ 之间的相互作用导致 Ag 与 O 原子间的键长有所增加。$Ag^+(H_2O)_3Ar$ 中的 Ar 原子结合能为 15.1 kJ/mol，其能量小于 OH 伸缩频

率范围的单个红外光子能量，因此实验中可以通过解离 Ar 原子的通道获得 $Ag^+(H_2O)_3Ar$ 的红外光解光谱。$Ag^+(H_2O)_3$ 和 $Ag^+(H_2O)_3Ar$ 的振动频率和红外光谱强度列于表 3-15 中。

表 3-14 $M^+(H_2O)_3Ar$（M=Cu，Ag，Au）体系在 MP2 水平下计算的键长 R，键角 θ，总能量 E_t 和 CCSD(T)理论水平下的结合能 ΔE

参数	复合物		
	$Ag^+(H_2O)_3Ar$	$Cu^+(H_2O)_3Ar$	$Au^+(H_2O)_3Ar$
对称性	C_1	C_1	C_1
R_{M-O1}/nm	0.2341	0.1862	0.2051
R_{M-O2}/nm	0.2288	0.1839	0.2023
R_{M-O3}/nm	02240	0.3857	0.3924
R_{M-Ar}/nm	0.2914		
R_{Ar-H}/nm		0.2440	0.2403
$R_{(O-H1)}^a$/nm	0.0964	0.0967	0.0969
$R_{(O-H2)}^a$/nm	0.0964	0.0965	0.0967
$\theta_{(H-O-H)}^a$/(°)	104.6	107.4	107.1
$R_{(O-H1)}^b$/nm	0.0963	0.0963	0.0965
$R_{(O-H2)}^b$/nm	0.0963	0.0996	0.1001
$\theta_{(H-O-H)}^b$/(°)	105.9	108.9	108.5
$R_{(O-H1)}^c$/nm	0.0963	0.0962	0.0962
$R_{(O-H2)}^c$/nm	0.0965	0.0963	0.0963
$\theta_{(H-O-H)}^c$/(°)	105.7	105.6	105.7
E_t/hartree	−902.1334	−952.1804	−891.0745
ΔE/kJ·mol⁻¹	15.1	8.4	8.8

a：$R_{(O-H1)}$，$R_{(O-H2)}$ 和 $\theta_{(H-O-H)}$ 分别表示第一个水分子中两个 O-H 键键长和 $\angle HOH$，b：$R_{(O-H1)}$，$R_{(O-H2)}$ 和 $\theta_{(H-O-H)}$ 分别表示第二个水分子中两个 O-H 键键长和 $\angle HOH$，c：$R_{(O-H1)}$，$R_{(O-H2)}$ 和 $\theta_{(H-O-H)}$ 分别表示第三个水分子中两个 O-H 键键长和 $\angle HOH$。

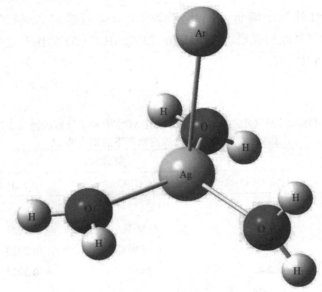

图 3-26 Ag⁺(H₂O)₃Ar 的几何结构示意图

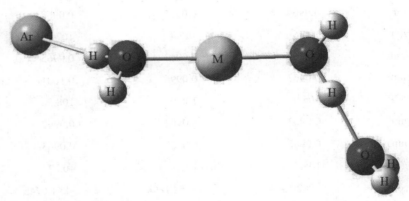

图 3-27 M⁺(H₂O)₃Ar（M=Cu，Au）的几何结构示意图

由图 3-27 给出的 M⁺(H₂O)₃Ar（M=Cu，Au）几何结构，以及表 3-14 中列出的优化后的几何结构参数可知，Au⁺(H₂O)₃Ar 的基态几何结构中，Ar 原子与 Au⁺(H₂O)₃ 中第一壳层的 H₂O 分子相连，此水分子中自由的 O-H 键键长为 0.0967 nm，Ar 原子与水分子之间的相互作用使得与 Ar 原子相连的 O-H 键伸长至 0.0969 nm，

Ar 原子的结合能为 8.8 kJ/mol，由于 Ar 原子的结合能较小，所以 Ar 使得相应的
O-H 键伸长量较小。$Cu^+(H_2O)_3Ar$ 的基态几何结构具有 C_1 对称性，Ar 原子与
$Cu^+(H_2O)_3$ 中第一壳层的 H_2O 分子相连，Ar 原子的结合能为 8.4 kJ/mol，显然，
OH 伸缩频率范围的单个红外光子能量大于 $M^+(H_2O)_3Ar$（M=Cu，Ag，Au）中的
Ar 原子结合能，因此可以通过解离 Ar 原子的方式获得 $M^+(H_2O)_3Ar$（M=Cu，Ag，
Au）的红外光解光谱。

　　利用修正因子 0.94 对 $M^+(H_2O)_3Ar$（M=Cu, Ag, Au）体系在 MP2/6-311++G**
水平下计算得到的 OH 伸缩频率进行了修正，并将修正后的振动频率和红外光谱
强度列于表 3-15 中。由表 3-15 以及图 3-28、图 3-29 和图 3-30 可知，相对于 H_2O
频率，$M^+(H_2O)_3$ 的频率发生了红移，$M^+(H_2O)_3Ar$ 相对于 $M^+(H_2O)_3$ 的频率变化较
小，这与 $M^+(H_2O)_3Ar$（M=Cu，Ag，Au）体系总 Ar 原子结合能较小这个结论一
致。

表 3-15 $M^+(H_2O)_3Ar$（M=Cu，Ag，Au）体系修正后的 OH 对称（ν_{sym}）和反对称（ν_{asym}）
伸缩频率，单位：cm^{-1}，及括号内的红外光谱强度

复合物	$Ag^+(H_2O)_3$	$Cu^+(H_2O)_3$	$Au^+(H_2O)_3$
ν_{sym}	3604（80）	3016（1769）	2937（1992）
	3610（139）	3585（134）	3564（173）
	3612（23）	3653（56）	3620（69）
ν_{asym}	3704（158）	3663（186）	3632（181）
	3710（166）	3678（243）	3660（230）
	3714（181）	3723（162）	3721（165）
复合物	$Ag^+(H_2O)_3Ar$	$Cu^+(H_2O)_3Ar$	$Au^+(H_2O)_3Ar$
ν_{sym}	3605（72）	3038（1724）	2946（1985）
	3612（116）	3571（248）	3543（311）
	3614（35）	3623（55）	3621（68）
ν_{asym}	3704（149）	3663（181）	3632（180）
	3713（167）	3667（326）	3643（319）
	3718（173）	3724（160）	3722（164）

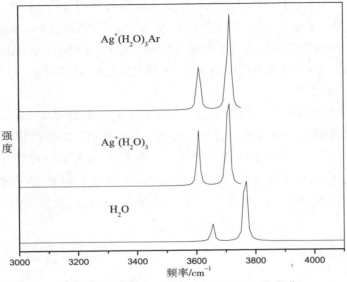

图 3-28 H_2O 和 $Ag^+(H_2O)_3Ar_{0,1}$ 的理论红外光谱

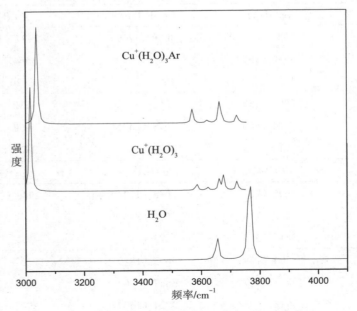

图 3-29 H_2O 和 $Cu^+(H_2O)_3Ar_{0,1}$ 的理论红外光谱

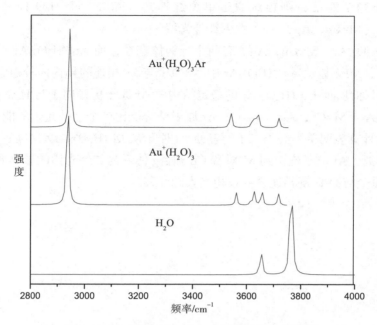

图 3-30 H_2O 和 $Au^+(H_2O)_3Ar_{0,1}$ 的理论红外光谱

3.7　本章小结

　　本章对于 $Cu^+(H_2O)$ 和 $Au^+(H_2O)$ 体系的研究表明，要想得到体系的红外光解光谱，加入两个 Ar 原子是必要的。CCSD(T)计算预测 $Cu^+(H_2O)Ar_2$ 中的两个 Ar 原子最有可能直接与 Cu^+ 相连，而 $Au^+(H_2O)Ar_2$ 的稳定结构与 $Cu^+(H_2O)Ar_2$ 不同，它更倾向于一个 Ar 原子与水分子的 H 相连，另一个 Ar 原子连接到 Au^+ 上。$Cu^+(H_2O)Ar_2$ 和 $Au^+(H_2O)Ar_2$ 的 Ar 原子结合能远小于单个红外光子的能量，通过单光子吸收可能得到 $M^+(H_2O)Ar_2$（M=Cu，Au）的红外光解光谱。实验上已经观测到 $Cu^+(H_2O)Ar_2$ 的红外光解光谱，但遗憾的是目前实验上还没有关于 $Au^+(H_2O)Ar_2$ 红外光解光谱的报道。两个 Ar 原子与 M^+ 相连引起很小的蓝移，而 Ar 原子连接到 O-H 键上会导致很大的红移。

　　MP2 方法给出了 $M^+(H_2O)_2$（M=Cu，Ag，Au）的基态结构具有 C_2 对称性，在基态构型中，两个 H_2O 分子分别位于贵金属离子 M^+（M=Cu，Ag，Au）两侧，$Cu^+(H_2O)_2$，$Ag^+(H_2O)_2$ 和 $Au^+(H_2O)_2$ 的 H_2O 分子结合能高于在 3400~3800 cm^{-1} 范

围的红外光子能量，则很难通过单个红外光子除去一个 H_2O 分子的方法使 $M^+(H_2O)_2$（M=Cu，Ag，Au）发生红外光解。

$M^+(H_2O)_2Ar$（M=Cu，Ag）有两个异构体存在，而 $Au^+(H_2O)_2Ar$ 只有一个异构体存在，MP2 显示 $Ag^+(H_2O)_2Ar$ 中 Ar 原子与 M^+ 相连的异构体较稳定，其结构具有 C_2 对称性，而 $Cu^+(H_2O)_2Ar$ 的稳定结构中 Ar 原子更倾向于与 H_2O 分子相连，$M^+(H_2O)_2Ar$（M=Cu，Ag，Au）的 Ar 原子结合能比单个红外光子的能量小得多，因此理论计算表明单个红外光子能够使 Ar 原子从 $M^+(H_2O)_2Ar$（M=Cu，Ag，Au）体系中解离。Ar 原子连接到 M^+ 对含 Cu 和 Ag 体系的红外光谱的影响非常小，然而，Ar 原子与 O-H 键相连会导致相当大的红移。

第4章

$M^\delta(H_2O)_{1,2}$（M=Cu，Ag，Au；δ=0，–1）体系稳定性的理论研究

4.1 引言

贵金属Cu，Ag和Au是IB族过渡金属，拥有完全占据的d轨道和单重占据的价s轨道，而贵金属阴离子Cu^-，Ag^-和Au^-具有完全占据的d轨道和s轨道以及空的p轨道，它们的s电子起支配作用，所以它既具有碱金属元素的相似特性，又因为受d电子的影响，而具有过渡金属的一些特性，这使得贵金属原子和贵金属阴离子的水合作用具有特殊的性质。对中性和阴离子的水合贵金属团簇的理论研究有利于引导团簇光谱方面的研究，有助于改进金属原子和离子水合作用的模型及了解贵金属在生物系统中的作用，因此中性和阴离子的水合贵金属团簇引起了人们浓厚的兴趣。

目前已经有一些关于$Cu(H_2O)_{1,2}$的理论报道[131-136]，1995 年，Iwata 等人[137]使用 MP2 方法对 H_2O 和 Cu 分别采用 6-31G(d，p)和全电子（10s，8p，4d，1f）基组，他们计算得到 $Cu^-(H_2O)$能量最低的结构具有较高的对称性 C_{2v}，$Cu^-(H_2O)_2$的基态结构具有 D_{2d} 对称性。2004 年，Muntean 等人[138, 139]对 H_2O 分子采用较大的基组 aug-cc-pVTZ 得到 $Cu^-(H_2O)$和 $Cu(H_2O)$的基态结构具有 C_s 对称性，而

$Cu^-(H_2O)_2$ 和 $Cu(H_2O)_2$ 的对称性为 C_1。但关于 $Cu^\delta(H_2O)_{1,2}$（$\delta=0$，-1）振动频率，以及 $M^\delta(H_2O)_{1,2}$（M=Ag，Au；$\delta=0$，-1）的几何结构、稳定性和振动频率的研究较少。因此本章采用从头算方法对 $M^\delta(H_2O)_{1,2}$（M=Ag，Au；$\delta=0$，-1）的几何结构和振动频率进行了详细的研究，使贵金属水合作用的研究进一步系统化，为了解水合过程提供重要的理论信息。

4.2 计算方法和基组的选择

本章采用 MP2 方法对 $M^\delta(H_2O)_{1,2}$（M=Ag，Au；$\delta=0$，-1）体系进行了几何结构优化和振动频率的计算，对于体系的基态结构，采用耦合团簇方法 CCSD(T) 计算了其单点能。对于 Cu 和 Ag，分别使用了 19 个价电子的能量可调的 Stuttgart 相对论赝势[114]和准相对论赝势[115]，相应的价电子基组为(8s6p5d)/[7s3p4d]，在此基础上添加两个 f 函数（Cu：0.24 和 3.7，Ag：0.22 和 1.72）[117]。对于金原子使用了 19 个价电子（$5s^25p^65d^{10}6s^1$）的相对论 Stuttgart 有效小核实赝势（ECPs）[116]，其价电子基组为(8s6p5d)/[7s3p4d]，并在此价电子基组基础上添加两个 f 函数（0.20 和 1.19）[118]和一个 g 函数（1.1077）[118]。而对于 $M^\delta(H_2O)_{1,2}$（M=Ag，Au；$\delta=0$，-1）体系中的 O 和 H 原子使用全电子基组 6-311++G**。为了方便讨论计算结果，$M^\delta(H_2O)_{1,2}$（M=Ag，Au；$\delta=0$，-1）体系的基组简单地用水的基组 6-311++G** 表示。

4.3 $M(H_2O)_{1,2}$（M=Cu，Ag，Au）的理论研究

4.3.1 $M(H_2O)_{1,2}$（M=Cu，Ag，Au）体系的几何结构和结合能

中性 $M(H_2O)$（M=Cu，Ag，Au）体系有四种可能的几何结构，它们的结构示意图见图 4-1 至图 4-4，贵金属原子 M 直接与 O 原子相连的结构用 M···OH₂ 表示，此时体系有两个构型（见图 4-1 中的结构 I 和图 4-2 中的结构 II）。在结构 I 中，贵金属原子 M 偏离 H_2O 所在的平面，具有非平面的 C_s 对称性，而结构 II 具有 C_{2v} 对称性，贵金属原子 M 与 H_2O 在同一平面内，并且 M 在 H_2O 的 C_2 对称轴上。

图 4-1 M(H₂O)（M=Cu，Ag，Au）结构Ⅰ（M···OH₂，C_s）的几何结构示意图

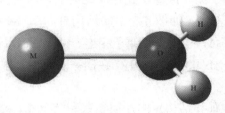

图 4-2 M(H₂O)（M=Cu，Ag，Au）结构Ⅱ（M···OH₂，C_{2v}）的几何结构示意图

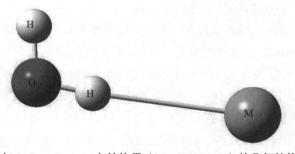

图 4-3 M(H₂O)（M=Cu，Ag，Au）结构Ⅲ（M···HOH，C_s）的几何结构示意图

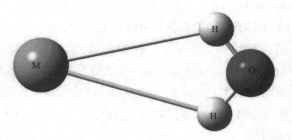

图 4-4 M(H₂O)（M=Cu，Ag，Au）结构Ⅳ（M···H₂O，C_{2v}）的几何结构示意图

结构Ⅰ和结构Ⅱ使用 MP2 方法优化后的几何参数和结合能列于表 4-1 中，这两种结构中的两个 O-H 键键长都是相同的。但通过对平面的结构Ⅱ振动频率的分析发现，结构Ⅱ中有一个与两个 H 原子的弯曲模式对应的虚频存在，可见对称性为 C_{2v} 的结构Ⅱ是一阶鞍点。而对称性为 C_s 的 M···OH₂ 结构的所有频率都是正的，并且 C_s 对称性的结构的总能量要低于对称性为 C_{2v} 的平面结构的总能量。可见，当贵金属原子 M 与 O 原子相连时，C_s 对称性的非平面结构比较稳定。

贵金属原子 M 也可以与 H 原子相连，此时有两种可能的几何构型，分别用 M···HOH 和 M···H₂O 表示（如图 4-3 中的结构Ⅲ和图 4-4 中的结构Ⅳ所示）。在结构Ⅲ中，贵金属原子 M 与一个 H 原子相连，两个 M-H 键的长度不同，此结构具有 C_s 对称性。而结构Ⅳ中，M 与 H₂O 在同一平面内，并且两个 M-H 键长度相同，具有 C_{2v} 对称性。

表 4-1 给出了结构Ⅲ和结构Ⅳ的几何参数和结合能，MP2 方法计算的结果显示对称性为 C_{2v} 的结构Ⅳ的振动频率中含有负的频率，因此结构Ⅳ的结构不稳定，而对称性为 C_s 的结构Ⅲ中所有频率都为正值，显然，贵金属原子 M 与 H 原子相连时，对称性为 C_s 的结构Ⅲ是稳定结构。

由表 4-1 可知，Cu(H₂O)结构Ⅰ和结构Ⅲ的总能量分别为 –273.0230 hartree 和 –273.0144 hartree，可见对称性为 C_s 的结构Ⅰ的总能量低于对称性为 C_s 的结构Ⅲ的总能量，而且结构Ⅰ的 M···OH₂ 结合能（16.9 kJ/mol）要大于结构Ⅲ的 M···HOH 的结合能（2.1 kJ/mol）。因此，能量最低、最稳定的基态几何构型是具有非平面 C_s 对称性的结构Ⅰ。在基态结构中，两个 O-H 键的长度都为 0.0965 nm，H-O-H 键角为 105.3º，与其他研究者计算的数据比较接近。对于 Ag(H₂O)和 Au(H₂O)体系，基态的几何结构同样是具有 C_s 对称性的结构Ⅰ。贵金属原子 M 与 O 原子相连，Cu(H₂O)，Ag(H₂O)和 Au(H₂O)体系中的 M-O 键长度分别为 0.2084 nm、0.2539 nm 和 0.2500 nm，显然，Ag 与 O 的距离大于 Cu-O 和 Au-O 键的长度，这与 Ag(H₂O)（10.9 kJ/mol）的结合能小于 Cu(H₂O)（16.9 kJ/mol）和 Au(H₂O)（11.1 kJ/mol）的结合能一致。另外，由表 2-3 可知，在 MP2/6-311++G** 水平下，Cu⁺(H₂O)、Ag⁺(H₂O)和 Au⁺(H₂O)体系中的 M-O 键长度分别为 0.1903 nm、0.2214 nm 和 0.2092 nm，而相应的结合能分别为 164.5 kJ/mol、127.3 kJ/mol 和 145.3 kJ/mol。显而易见，阳离子 M⁺(H₂O)团簇比中性 M(H₂O)团簇结合力更强，这使得中性团簇的 M-O 键比阳离子团簇 M-O 键更长。

表 4-1 M(H_2O)（M=Cu，Ag，Au）体系在 MP2 水平下计算的键长 R，键角 θ，总能量 E_t 和 CCSD(T)理论水平下的结合能 ΔE

参数	复合物			
	Cu···OH_2		Cu···HOH	Cu···H_2O
对称性	C_s（结构Ⅰ）	C_{2v}（结构Ⅱ）	C_s（结构Ⅲ）	C_{2v}（结构Ⅳ）
No. IF[a]	0	1	0	1
$R_{(Cu-O)}$/nm	0.2084，0.2068[b]	0.2085	0.3653	0.3586
$R_{(Cu-H1)}$/nm	0.2611	0.2768	0.2691	0.3080
$R_{(Cu-H2)}$/nm	0.2611	0.2768	0.3949	0.3080
$R_{(O-H1)}$/nm	0.0965，0.0966[b]	0.0963	0.0962	0.0961
$R_{(O-H2)}$/nm	0,0965，0.0966[b]	0.0963	0.0960	0.0961
$\theta_{(H-O-H)}$/(°)	105.3，105.3[b]	106.9	103.2	102.9
E_t/hartree	−273.0230	−273.0218	−273.0144	−273.0142
ΔE/kJ·mol^{-1}	16.9		2.1	
参数	Ag···OH_2		Ag···HOH	Ag···H_2O
对称性	C_s（结构Ⅰ）	C_{2v}（结构Ⅱ）	C_s（结构Ⅲ）	C_{2v}（结构Ⅳ）
No. IF[a]	0	1	0	2
$R_{(Ag-O)}$/nm	0.2539	0.2546	0.3603	0.3587
$R_{(Ag-H1)}$/nm	0.3069	0.3222	0.2647	0.3081
$R_{(Ag-H2)}$/nm	0.3069	0.3222	0.3845	0.3081
$R_{(O-H1)}$/nm	0.0963	0.0962	0.0963	0.0961
$R_{(O-H2)}$/nm	0.0963	0.0962	0.0960	0.0961
$\theta_{(H-O-H)}$/(°)	104.2	105.1	103.1	102.8
E_t/hartree	−222.7669	−222.7661	−222.7624	−222.7624
ΔE/kJ·mol^{-1}	10.9		2.2	
参数	Au···OH_2		Au···HOH	Au···H_2O
对称性	C_s（结构Ⅰ）	C_{2v}（结构Ⅱ）	C_s（结构Ⅲ）	C_{2v}（结构Ⅳ）
No. IF[a]	0	1	0	2
$R_{(Au-O)}$/nm	0.2500	0.2535	0.3342	0.3350
$R_{(Au-H1)}$/nm	0.2919	0.3210	0.2377	0.2851
$R_{(Au-H2)}$/nm	0.2919	0.3210	0.3695	0.2851

续表4-1

参数	复合物			
	Au⋯OH₂		Au⋯HOH	Au⋯H₂O
对称性	C_s（结构 I ）	C_{2v}（结构 II ）	C_s（结构 III ）	C_{2v}（结构 IV ）
$R_{(O-H1)}$/nm	0.0963	0.0962	0.0965	0.0961
$R_{(O-H2)}$/nm	0.0963	0.0962	0.0960	0.0961
$\theta_{(H-O-H)}$/(°)	103.8	105.4	103.1	102.7
E_t/hartree	−211.7288	−211.7274	−211.7251	−211.7233
ΔE/kJ·mol⁻¹	11.1		3.6	
自由H₂O	$R_{(O-H)}$	0.0959，0.0959[c]	$\theta_{(H-O-H)}$	103.5，104.5[c]

a：No. IF为虚频个数，b：参考文献[138]，c：参考文献[140]。

表 4-2 给出了 M(H₂O)（M=Cu，Ag，Au）基态结构的慕利肯电荷分析，贵金属原子 M 在形成复合物的过程中，Cu, Ag 和 Au 上的电荷从 0.0 电子分别减少到 −0.114 电子、−0.037 电子和−0.132 电子，可见，在中性 M(H₂O)（M=Cu，Ag，Au）团簇中，少量电荷从 H₂O 转移到贵金属原子 M，而 Au 的电负性比 Cu 和 Ag 的电负性大，在 Au(H₂O)中存在较大的电荷转移。

由表 4-1 还可以看出，H₂O 使用 MP2 方法优化后的 O-H 键键长和 H-O-H 键角分别为 0.0959 nm 和 103.5°，与实验值 0.0959 nm 和 104.5°符合得很好。而 Cu(H₂O)，Ag(H₂O)和 Au(H₂O)体系的 O-H 键键长分别为 0.0965 nm、0.0963nm 和 0.0963 nm，相应的 H-O-H 键角分别为 105.3°、104.2°和 103.8°。显然，贵金属原子 M（M=Cu，Ag，Au）与 H₂O 之间的相互作用没有很明显地影响 H₂O 的结构，由单个 H₂O 分子到与贵金属原子 M 形成的复合物，H-O-H 键角增大，O-H 键键长增加。并且与 Ag 和 Au 的团簇相比，Cu 与 H₂O 之间结合力最大，Cu 原子对 H₂O 的影响最大，H-O-H 键角增大了 1.8°，O-H 键键长增加了 0.0007 nm。

表 4-2 使用 MP2 方法计算得到的 M，H₂O 和 MH₂O（M=Cu，Ag，Au）的慕利肯电荷

原子	M，H₂O	CuH₂O	AgH₂O	AuH₂O
q_M	0.0	−0.114	−0.037	−0.132
q_O	−0.316	−0.428	−0.491	−0.410
q_H	0.158	0.271	0.264	0.271

对于 $M(H_2O)_2$（M=Cu，Ag，Au）体系，有四种可能的几何构型，对称性分别为 D_{2h}，D_{2d}，C_{2h} 和 C_1，在 D_{2h}，D_{2d} 和 C_{2h} 结构中两个 H_2O 分子都连接到贵金属原子 M 上，而对称性为 C_1 的结构中第二个 H_2O 分子通过氢键与第一个 H_2O 分子相连。图 4-5 至图 4-8 给出了 $M(H_2O)_2$（M=Cu，Ag，Au）体系所有可能结构的几何结构示意图。$M(H_2O)_2$（M=Cu，Ag，Au）体系优化后的几何参数和 H_2O 分子结合能列于表 4-3 中。

图 4-5 $M(H_2O)_2$（M=Cu，Ag，Au）对称性为 D_{2h} 结构的几何结构示意图

图 4-6 $M(H_2O)_2$（M=Cu，Ag，Au）对称性为 D_{2d} 结构的几何结构示意图

图 4-7 $M(H_2O)_2$（M=Cu，Ag，Au）对称性为 C_{2h} 结构的几何结构示意图

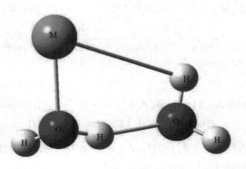

图 4-8 $M(H_2O)_2$（M=Cu，Ag，Au）对称性为 C_1 结构的几何结构示意图

表 4-3 M(H$_2$O)$_2$（M=Cu，Ag，Au）体系在 MP2 水平下计算的键长 R，键角 θ，总能量 E_t 和 CCSD(T)理论水平下的结合能 ΔE

参数	复合物			
	Ag(H$_2$O)$_2$			
对称性	D_{2h}	D_{2d}	C_{2h}	C_1
No. IF[a]	5	4	2	0
$R_{(Ag-O1)}$[b]/nm	0.2783	0.2778	0.2716	0.2457
$R_{(Ag-O2)}$[b]/nm	0.2783	0.2778	0.2716	0.3616
$R_{(O-H1)}$[c]/nm	0.0962	0.0962	0.0962	0.0962，0.0972
$R_{(O-H2)}$[c]/nm	0.0962	0.0962	0.0962	0.0961，0.0963
$\theta_{(H-O-H1)}$[d]/(°)	104.4	104.4	103.8	104.9
$\theta_{(H-O-H2)}$[d]/(°)	104.4	104.4	103.8	104.4
E_t/hartree	−299.0412	−299.0413	−299.0433	−299.0554
ΔE/kJ·mol^{-1}				20.8
参数	Au(H$_2$O)$_2$			
对称性	D_{2h}	D_{2d}	C_{2h}	C_1
No. IF[a]	6	4	1	0
$R_{(Au-O1)}$[b]/nm	0.2694	0.2685	0.2600	0.2397
$R_{(Au-O2)}$[b]/nm	0.2694	0.2685	0.2600	0.3295
$R_{(O-H1)}$[c]/nm	0.0962	0.0962	0.0963	0.0963，0.0974
$R_{(O-H2)}$[c]/nm	0.0962	0.0962	0.0963	0.0961，0.0967
$\theta_{(H-O-H1)}$[d]/(°)	104.6	104.7	103.4	104.1
$\theta_{(H-O-H2)}$[d]/(°)	104.6	104.7	103.4	104.8
E_t/hartree	−288.0036	−288.0037	−288.0076	−288.0191
ΔE/kJ·mol^{-1}				33.7

a：No. IF为虚频数，b：$R_{(M-O1)}$ 和$R_{(M-O2)}$ 代表Cu离子与两个水分子中O原子间的距离，c：$R_{(O-H1)}$ 和$R_{(O-H2)}$ 表示两个水分子中O-H键的长度，d：$\theta_{(H-O-H1)}$和$\theta_{(H-O-H2)}$ 表示两个水分子中H-O-H键角。

　　由表 4-3 给出的 Ag(H$_2$O)$_2$ 和 Au(H$_2$O)$_2$ 体系的几何参数和结合能可知，对称性为 D_{2h}，D_{2d} 和 C_{2h} 的结构中同样有虚频存在，几何优化结果表明 M(H$_2$O)$_2$（M=Ag，Au）的基态几何结构是 C_1 对称的，Ag 和 Au 与 H$_2$O 之间的相互作用使得 O-H 键增长，H-O-H 键角变大。

表 4-4 给出了$(H_2O)_2$ 和 $M(H_2O)_2$（M=Cu，Ag，Au）所有可能结构的几何参数、总能量以及结合能。对二元水$(H_2O)_2$ 的优化显示，$(H_2O)_2$ 中第一个 H_2O 分子的两个 O-H 键长度分别为 0.0959 nm 和 0.0966 nm，H-O-H 键角为 103.5º，第二个 H_2O 分子中的两个 O-H 键长度都是 0.0961 nm，H-O-H 键角为 104.0º。显然，与$(H_2O)_2$ 的键长和键角相比，$Cu(H_2O)_2$ 的 O-H 键伸长，H-O-H 键角变大。

表 4-4 $Cu(H_2O)_2$ 体系在 MP2 水平下计算的键长 R，键角θ，总能量 E_t 和CCSD(T)理论水平下的结合能ΔE

参数	复合物			
	$Cu(H_2O)_2$			
对称性	D_{2h}	D_{2d}	C_{2h}	C_1
No. IF[a]	3	2	1	0
$R_{(Cu-O1)}$[b]/nm	0.1935	0.1928	0.1957	0.2027
$R_{(Cu-O2)}$[b]/nm	0.1935	0.1928	0.1957	0.3521
$R_{(O-H1)}$[c]/nm	0.0972	0.0972	0.0974	0.0964，0.0978
$R_{(O-H2)}$[c]/nm	0.0972	0.0972	0.0974	0.0961，0.0963
$\theta_{(H-O-H1)}$[d]/(º)	108.8	108.8	105.4	105.9
$\theta_{(H-O-H2)}$[d]/(º)	108.8	108.8	105.4	104.6
E_t/hartree	−349.2977	−349.2984	−349.3024	−349.3138
ΔE/kJ·mol⁻¹				35.7
$(H_2O)_2$	$R_{(O-H1)}$ /nm	0.0959，0.0966	$R_{(O-H2)}$ /nm	0.0961，0.0961
参数	$\theta_{(H-O-H1)}$/(º)	103.5	$\theta_{(H-O-H2)}$/(º)	104.0

a：No. IF为虚频数，b：$R_{(M-O1)}$ 和$R_{(M-O2)}$ 代表Cu离子与两个水分子中O原子间的距离，c：$R_{(O-H1)}$ 和$R_{(O-H2)}$表示两个水分子中O-H键的长度，d：$\theta_{(H-O-H1)}$和$\theta_{(H-O-H2)}$表示两个水分子中H-O-H键角。

由表 4-4 可知，$Cu(H_2O)_2$ 有四种可能的结构，在 D_{2h}，D_{2d} 和 C_{2h} 这些结构中，O-M-O 成直线结构，两个 H_2O 分子相对于贵金属原子对称，则贵金属原子与第一个和第二个 H_2O 分子中的 O 原子的距离相同，每个结构中第一个和第二个 H_2O 分子中的 O-H 键键长和 H-O-H 键角相同，但是 MP2 优化得到的结果显示 D_{2h} 和 D_{2d} 结构中有多个虚频存在，在 C_{2h} 结构中存在一个负的频率，因此 C_{2h} 结构为一阶鞍点。而 C_1 结构所有的频率都为正值，并且 C_1 结构的总能量低于其他结构的总能量，这表明 $Cu(H_2O)_2$ 体系的基态几何结构具有 C_1 对称性，基态结构中具有

一个 H_2O-H_2O 氢键。

4.3.2 $M(H_2O)_{1,2}$（M=Cu，Ag，Au）体系的振动频率

表 4-5 给出了使用 MP2 方法计算得到的 $(H_2O)_{1,2}$ 和 $M(H_2O)_{1,2}$（M=Cu，Ag，Au）体系基态结构的振动频率和红外光谱强度。

表 4-5 M(H₂O)（M=Cu，Ag，Au）体系在 MP2 理论水平下使用基组 6-311++G**计算得到的修正后的 HOH 弯曲频率（ν_{bend}），对称（ν_{sym}）和反对称（ν_{asym}）伸缩频率，单位：cm⁻¹，及括号内的红外光谱强度

振动频率	复合物			
	Cu···OH₂	Ag···OH₂	Au···OH₂	自由 H₂O
ν_{bend}	1615 (81)	1631 (75)	1621(71)	1628(57)
	1573[a]			1593[a]
ν_{sym}	3796 (30)	3839 (16)	3833(29)	3887(13)
ν_{asym}	3921 (110)	3961 (89)	3952(90)	4005(63)
振动频率	Cu(H₂O)₂	Ag(H₂O)₂	Au(H₂O)₂	自由(H₂O)₂
ν_{bend}	1635 (85)	1639 (78)	1627 (70)	1639 (72)
	1650 (55)	1656 (52)	1644 (47)	1664 (37)
ν_{sym}	3585 (478)	3698 (303)	3659 (284)	3808 (274)
	3846 (35)	3847 (37)	3789 (123)	3877 (15)
ν_{asym}	3889 (110)	3924 (102)	3906 (108)	3974 (102)
	3965 (115)	3967 (115)	3951 (126)	3990 (90)

a：参考文献[141]。

H_2O 分子有三个振动频率，分别为 HOH 弯曲频率 1628 cm⁻¹，对称 OH 伸缩频率 3887 cm⁻¹ 和反对称 OH 伸缩频率 4005 cm⁻¹，H_2O 分子的 HOH 弯曲频率比较接近实验值[141]。$Cu(H_2O)$ 的 HOH 弯曲频率为 1615 cm⁻¹，其结果与实验值符合得很好[141]。而 $Cu(H_2O)$ 的对称和反对称 OH 伸缩频率分别为 3796 cm⁻¹ 和 3921 cm⁻¹，可见与 H_2O 分子的频率相比，$Cu(H_2O)$ 的 HOH 弯曲频率以及对称和反对称 OH 伸缩频率分别发生 13 cm⁻¹、91 cm⁻¹ 和 84 cm⁻¹ 的红移（如图 4-9 所示）。在 $Ag(H_2O)$ 和 $Au(H_2O)$ 体系的基态结构中同样有这种红移现象产生，并且 $Cu(H_2O)$ 频率的红

移量比 Ag(H_2O)和 Au(H_2O)的红移大，这与表 4-1 给出的 Ag(H_2O)的结合能小于 Cu(H_2O)和 Au(H_2O)的结合能的结果一致。M(H_2O)体系相对于 H_2O 分子的这种红移是因为贵金属离子 M 与 H_2O 分子之间的相互作用削弱了 O-H 键。

由表 4-5 可知，$(H_2O)_2$ 的 HOH 弯曲频率为 1639 cm^{-1} 和 1664 cm^{-1}，可见，与 $(H_2O)_2$ 相比，M($H_2O)_2$（M= Cu，Ag，Au）体系的 HOH 弯曲频率发生红移，这与 M（M=Cu，Ag，Au）和 H_2O 之间的相互作用使得 H-O-H 键角增加的结果相符。而 Cu($H_2O)_2$ 的对称 OH 伸缩频率为 3585 cm^{-1} 和 3846 cm^{-1}，反对称 OH 伸缩频率为 3889 cm^{-1} 和 3965 cm^{-1}。显然，由图 4-10 至图 4-13 可知，与 $(H_2O)_2$ 的 OH 伸缩频率相比较，M($H_2O)_2$（M=Cu，Ag，Au）的 OH 伸缩频率也有红移现象，这种现象是由 M（M=Cu，Ag，Au）和 H_2O 之间的相互作用使得 O-H 键伸长所导致的。并且，Cu($H_2O)_2$ 中的红移量大于 Ag($H_2O)_2$ 和 Au($H_2O)_2$ 的红移量，这种情况与 Cu($H_2O)_2$ 的结合能高于含 Ag 和 Au 体系的结合能的结果一致。

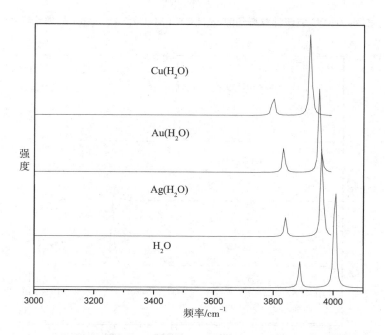

图4-9 MP2方法计算得到的M(H_2O)（M=Cu，Ag，Au）的理论红外光谱

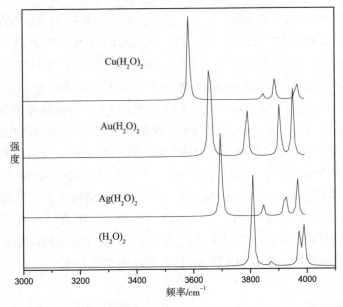

图 4-10 MP2 方法计算得到的 M(H₂O)₂（M=Cu，Ag，Au）的理论红外光谱

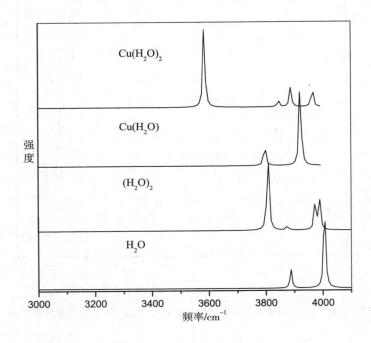

图 4-11 (H₂O)₁,₂ 和 Cu(H₂O)₁,₂ 的理论红外光谱

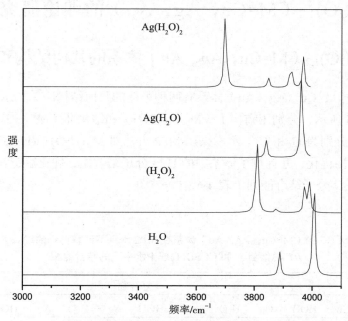

图 4-12 $(H_2O)_{1,2}$ 和 $Ag(H_2O)_{1,2}$ 的理论红外光谱

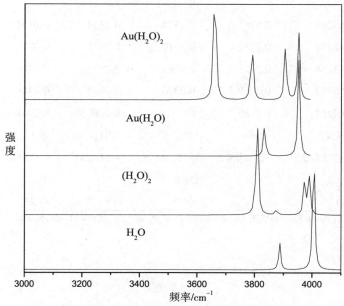

图 4-13 $(H_2O)_{1,2}$ 和 $Au(H_2O)_{1,2}$ 的理论红外光谱

113

4.4 $M^-(H_2O)_{1,2}$（M=Cu，Ag，Au）的理论研究

4.4.1 $M^-(H_2O)_{1,2}$（M=Cu，Ag，Au）体系的几何结构和结合能

$M^-(H_2O)$（M=Cu，Ag，Au）体系有两种可能的几何结构，结构示意图如图4-14 和图 4-15 所示，分别用结构Ⅰ（$M^-\cdots HOH$）和结构Ⅱ（$M^-\cdots H_2O$）表示，它们的对称性分别为 C_s 和 C_{2v}。本章采用 MP2 方法对 $M^-(H_2O)$（M=Cu，Ag，Au）进行了几何结构优化，并计算了体系中的 H_2O 分子结合能，优化后键长、键角等几何参数和 H_2O 分子结合能列于表4-6中。

表 4-6 $M^-(H_2O)$（M=Cu，Ag，Au）体系在 MP2 水平下计算得到的键长 R，键角 θ，总能量 E_t 和 CCSD(T)理论水平下的结合能 ΔE

参数	复合物					
	$Cu^-\cdots HOH$	$Cu^-\cdots H_2O$	$Ag^-\cdots HOH$	$Ag^-\cdots H_2O$	$Au^-\cdots HOH$	$Au^-\cdots H_2O$
对称性	C_s	C_{2v}	C_s	C_{2v}	C_s	C_{2v}
No. IF[a]	0	1	0	1	0	1
$R_{(M-O)}$/nm	0.3299	0.3266	0.3374	0.3359	0.3204	0.3199
$R_{(M-H1)}$/nm	0.2449	0.2721	0.2540	0.2813	0.2233	0.2644
$R_{(M-H2)}$/nm	0.3154	0.2721	0.3198	0.2813	0.3338	0.2644
$R_{(O-H1)}$[b]/nm	0.0977	0.0969	0.0976	0.0968	0.0989	0.0970
$R_{(O-H2)}$[c]/nm	0.0963	0.0969	0.0963	0.0968	0.0961	0.0970
$\theta_{(H-O-H)}$/(°)	98.0	96.8	98.0	97.1	99.0	95.2
E_t/hartree	−273.0630	−273.0628	−222.8178	−222.8177	−211.8222	−211.8197
ΔE/kJ·mol⁻¹	41.2		39.8		48.4	
	43.7[d]		40.2[d]		47.6[a]	

a：No. IF为虚频数，b：$R_{(O-H1)}$表示与M连接的O-H键的长度，c：$R_{(O-H2)}$表示自由的O-H键的长度，d：参考文献[135]。

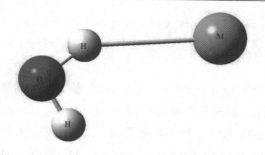

图 4-14 M$^-$(H$_2$O)（M=Cu，Ag，Au）体系结构 I（M$^-$…HOH）的几何结构示意图

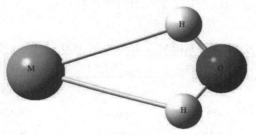

图 4-15 M$^-$(H$_2$O)（M=Cu，Ag，Au）体系结构 II（M$^-$…H$_2$O）的几何结构示意图

　　MP2 水平下的计算结果显示对称性为 C_{2v} 的 M$^-$…H$_2$O 结构中有一个虚频存在，此结构为一阶鞍点。而对称性为 C_s 的 M$^-$…HOH 结构中所有频率都是正的，没有虚频，并且，M$^-$…H$_2$O 结构的总能量高于 M$^-$…HOH 结构的能量。可见，M$^-$(H$_2$O)（M=Cu，Ag，Au）体系最稳定的基态几何构型为 M$^-$…HOH 结构，在基态结构中贵金属阴离子与 H$_2$O 分子中的 H 原子相连，拥有一个 M$^-$-H…O 氢键，具有 C_s 的对称性。贵金属阴离子与 H$_2$O 分子形成的团簇使得 H$_2$O 中的 H-O-H 键角减小，由单个 H$_2$O 分子中的 103.5°变成 Cu$^-$(H$_2$O)和 Ag$^-$(H$_2$O)中的 98.0°以及 Au$^-$(H$_2$O)中的 99.0°。另外，Cu$^-$(H$_2$O)、Ag$^-$(H$_2$O)和 Au$^-$(H$_2$O)中与 M$^-$ 相连的 O-H 键长度分别为 0.0977 nm，0.0976 nm 和 0.0989 nm，贵金属阴离子与 H$_2$O 分子之间的相互作用使得与 M$^-$ 相连的 O-H 键有所伸长，在 Cu、Ag 和 Au 的体系中伸长量分别为 0.0018 nm、0.0017 nm 和 0.0030 nm。而相应的 Cu$^-$-H，Ag$^-$-H 和 Au$^-$-H 键长度分别为 0.2449 nm、0.2540 nm 和 0.2233 nm，显然，Au$^-$(H$_2$O)中与 M$^-$ 相连的 O-H 键长度要大于含 Cu 和 Ag 体系中相应的 O-H 键的长度，并且 Au$^-$-H 键长度明显小于 Cu$^-$-H 和 Ag$^-$-H 的长度，这与 Au$^-$-H$_2$O（48.4 kJ/mol）的结合能高于 Cu$^-$-H$_2$O（41.2 kJ/mol）和 Ag$^-$-H$_2$O（39.8 kJ/mol）的结合能的结果一致。另外，通过 M$^+$(H$_2$O)、

M(H$_2$O)和 M$^-$(H$_2$O)结合能的比较发现，ΔE(M$^+$-H$_2$O)>ΔE(M$^-$-H$_2$O)>ΔE(M-H$_2$O)，很明显贵金属阳离子 M$^+$与 H$_2$O 的结合力强于贵金属阴离子 M$^-$和中性原子 M 与 H$_2$O 之间的结合力。

表 4-7 给出了 M$^-$(H$_2$O)（M=Cu，Ag，Au）基态结构的慕利肯电荷分析，贵金属阴离子 M$^-$与 H$_2$O 形成复合物的过程中，Cu$^-$，Ag$^-$和 Au$^-$上的电荷从−1.000 电子分别减少到−1.035 电子、−1.090 电子和−1.175 电子，并且电荷变化量分别为 0.035 单子、0.090 电子和 0.175 电子。可见，在 M$^-$(H$_2$O)（M=Cu，Ag，Au）团簇中，少量电荷从 H$_2$O 转移到贵金属阴离子 M$^-$，而 Au$^-$的电负性比 Cu$^-$和 Ag$^-$的电负性大，在 Au$^-$(H$_2$O)中存在较大的电荷转移。

表 4-7 使用 MP2 方法计算得到的 M$^-$，H$_2$O 和 M$^-$H$_2$O（M=Cu，Ag，Au）的慕利肯电荷

原子	M$^-$，H$_2$O	Cu$^-$(H$_2$O)	Ag$^-$(H$_2$O)	Au$^-$(H$_2$O)
q_{M^-}	−1.0	−1.035	−1.090	−1.175
q_O	−0.316	−0.452	−0.450	−0.562
q_{H1}[a]	0.158	0.287	0.338	0.543
q_{H2}[b]	0.158	0.200	0.202	0.194

a：q_{H1} 表示与 M 连接的 H1 原子的电荷；b：q_{H2} 表示与 M 连接的 H2 原子的电荷。

M$^-$(H$_2$O)$_2$（M=Cu，Ag，Au）体系有五个可能的几何结构，它们的对称性分别为 D_{2h}，D_{2d}，C_{2h}，C_2 和 C_1，这些构型的几何结构如图 4-16 至图 4-20 所示。表 4-8 和表 4-9 给出了使用 MP2 方法优化 M$^-$(H$_2$O)$_2$（M=Cu，Ag，Au）体系各种可能结构得到的几何参数、总能量和结合能。

图 4-16 M$^-$(H$_2$O)（M=Cu，Ag，Au）对称性为 D_{2h} 结构的几何结构示意图

图 4-17 M$^-$(H$_2$O)（M=Cu，Ag，Au）对称性为 D_{2d} 结构的几何结构示意图

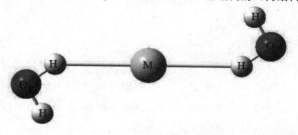

图 4-18 M$^-$(H$_2$O)（M=Cu，Ag，Au）对称性为 C_{2h} 结构的几何结构示意图

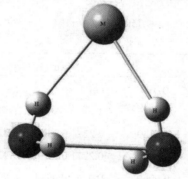

图 4-19 M$^-$(H$_2$O)（M=Cu，Ag，Au）对称性为 C_2 结构的几何结构示意图

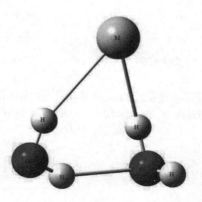

图 4-20 M$^-$(H$_2$O)（M=Cu，Ag，Au）对称性为 C_1 结构的几何结构示意图

表 4-8 $M^-(H_2O)_2$（M=Ag，Au）体系在 MP2 水平下计算得到的键长 R，键角 θ，总能量 E_t 和 CCSD(T)理论水平下的结合能 ΔE

参数	复合物				
	$Ag^-(H_2O)_2$				
对称性	D_{2h}	D_{2d}	C_{2h}	C_2	C_1
No. IF[a]	5	2	3	1	0
$R_{(Ag-H1)}$[b]/nm	0.2815	0.2804	0.2534, 0.3193	0.2477, 0.3392	0.2368,0.3362
$R_{(Ag-H2)}$[b]/nm	0.2815	0.2804	0.2534, 0.3193	0.2477, 0.3392	0.2775,0.3538
$R_{(O-H1)}$[c]/nm	0.0967	0.0967	0.0963, 0.0974	0.0963, 0.0978	0.0963,0.0984
$R_{(O-H2)}$[c]/nm	0.0967	0.0967	0.0963, 0.0974	0.0963, 0.0978	0.0967,0.0970
$\theta_{(H-O-H1)}$[d]/(°)	97.7	97.6	98.5	99.5	99.3
$\theta_{(H-O-H2)}$[d]/(°)	97.7	97.6	98.5	99.5	99.5
E_t/hartree	−299.1102	−299.1104	−299.1104	−299.1131	−299.1143
ΔE/kJ·mol^{-1}					46.1
参数	$Au^-(H_2O)_2$				
对称性	D_{2h}	D_{2d}	C_{2h}	C_2	C_1
No. IF[a]	5	2	3	1	0
$R_{(Au-H1)}$[b]/nm	0.2655	0.2649	0.2271,0.3346	0.2251, 0.3357	0.2187, 0.3385
$R_{(Au-H2)}$[b]/nm	0.2655	0.2649	0.2271,0.3346	0.2251, 0.3357	0.2356, 0.3362
$R_{(O-H1)}$[c]/nm	0.0969	0.0969	0.0961,0.0984	0.0962, 0.0987	0.0962, 0.0993
$R_{(O-H2)}$[c]/nm	0.0969	0.0969	0.0961,0.0984	0.0962, 0.0987	0.0965, 0.0980
$\theta_{(H-O-H1)}$[d]/(°)	96.1	96.1	99.4	99.5	99.9
$\theta_{(H-O-H2)}$[d]/(°)	96.1	96.1	99.4	99.5	99.8
E_t/hartree	−288.1153	−288.1155	−288.1193	−288.1227	−288.1234
ΔE/kJ·mol^{-1}					52.5

a: No. IF为虚频个数，b: $R_{(M-H1)}$和$R_{(M-H2)}$分别为贵金属与第一个和第二个水分子中H原子间的距离，c: $R_{(O-H1)}$和$R_{(O-H2)}$为第一个和第二个水分子中O–H键键长，d: $\theta_{(H-O-H1)}$ and $\theta_{(H-O-H2)}$为两个水分子中H-O-H键角。

表 4-9 $Cu^-(H_2O)_2$ 体系在 MP2 水平下计算得到的键长 R，键角 θ，
总能量 E_t 和 CCSD(T)理论水平下的结合能 ΔE

参数	复合物				
	$Cu^-(H_2O)_2$				
对称性	D_{2h}	D_{2d}	C_{2h}	C_2	C_1
No. IF[a]	5	4	3	1	0
$R_{(Cu-H1)}$[b]/nm	0.2710	0.2703	0.2440, 0.3139	0.2404, 0.3325	0.2284, 0.3304
$R_{(Cu-H2)}$[b]/nm	0.2710	0.2703	0.2440, 0.3139	0.2404, 0.3325	0.2683, 0.3475
$R_{(O-H1)}$[c]/nm	0.0968	0.0968	0.0963, 0.0975	0.0963, 0.0979	0.0963, 0.0986
$R_{(O-H2)}$[c]/nm	0.0968	0.0968	0.0963, 0.0975	0.0963, 0.0979	0.0967, 0.0971
$\theta_{(H-O-H1)}$[d]/(°)	97.4	97.3	98.4	99.5	99.3
$\theta_{(H-O-H2)}$[d]/(°)	97.4	97.3	98.4	99.5	99.5
E_t/hartree	−349.3553	−349.3554	−349.3556	−349.3583	−349.3594
ΔE/kJ·mol^{-1}					47.3

a: No. IF为虚频个数，b: $R_{(M-H1)}$和$R_{(M-H2)}$分别为贵金属与第一个和第二个水分子中H原子间的距离，c: $R_{(O-H1)}$和$R_{(O-H2)}$为第一个和第二个水分子中O-H键键长，d: $\theta_{(H-O-H1)}$ and $\theta_{(H-O-H2)}$为两个水分子中H-O-H键角。

研究结果表明，D_{2h} 和 D_{2d} 结构分别具有四个 Cu-H 键长度相同，但 D_{2h}，D_{2d}，C_{2h} 和 C_2 这几个结构中都存在虚频，并且总能量都比 C_1 结构的能量高，显然，$M^-(H_2O)_2$（M=Cu，Ag，Au）体系基态几何结构具有 C_1 对称性，拥有两个不等的 M^--H⋯O 氢键和一个 H_2O-H_2O 之间的氢键，形成一个环形结构，与$(H_2O)_2$ 分子中的 H-O-H 键角相比，$M^-(H_2O)_2$（M=Cu，Ag，Au）体系中第一个和第二个 H_2O 分子中的 H-O-H 键角变小，并且 M^- 与 H 之间的相互作用使得相应的 O-H 键伸长。

4.4.2 $M^-(H_2O)_{1,2}$（M=Cu，Ag，Au）体系的振动频率和红外光谱强度

表4-10给出了使用MP2方法计算得到的$M^-(H_2O)_{1,2}$（M=Cu，Ag，Au）体系的振动频率和红外光谱强度。贵金属阴离子M^-与H_2O分子之间的相互作用使得H_2O中的H-O-H键角减小，从而使$M^-(H_2O)$（M=Cu，Ag，Au）体系的HOH弯曲频率发生蓝移。$Au^-(H_2O)$基态结构的与Au^-相连的O-H键的伸缩频率为3354 cm^{-1}，自由O-H键的伸缩频率为3918 cm^{-1}。显然，与单个H_2O分子相比，$Au^-(H_2O)$的OH伸

缩频率发生红移，在Cu⁻(H₂O)和Ag⁻(H₂O)体系的基态结构中同样有这种红移现象产生，由图4-21可以得到同样的结论。并且，Au⁻(H₂O)中与Au⁻相连的O-H键的伸缩频率的红移量远大于Cu⁻(H₂O)和Ag⁻(H₂O)体系相应的红移量，这与Au⁻···H₂O结合能大于Cu⁻(H₂O)和Ag⁻(H₂O)的结合能的结果一致。M⁻(H₂O)（M=Cu，Ag，Au）体系的这种红移是由于贵金属阴离子M⁻与H₂O分子之间的相互作用使得相应的O-H键伸长。

表 4-10 M⁻(H₂O)$_{1,2}$（M=Cu, Ag, Au）体系在 MP2 理论水平下计算得到的修正后的 HOH 弯曲频率 ν_{bend}、OH 对称（ν_{sym}）和反对称（ν_{asym}）伸缩频率，单位：cm⁻¹，及括号内的红外光谱强度

振动频率	复合物		
	Cu⁻···HOH	Ag⁻···HOH	Au⁻···HOH
ν_{bend}	1671 (328)	1673 (324)	1690 (124)
ν_{sym}	3602 (656)	3636 (555)	3354 (1147)
ν_{asym}	3891 (11)	3889 (13)	3918 (25)
振动频率	Cu⁻(H₂O)₂	Ag⁻(H₂O)₂	Au⁻(H₂O)₂
ν_{bend}	1662 (213)	1663 (203)	1692 (109)
	1709 (201)	1707 (200)	1712 (103)
ν_{sym}	3403 (1072)	3456 (948)	3281 (1087)
	3721 (419)	3737 (364)	3548 (676)
ν_{asym}	3822 (111)	3827 (121)	3854 (93)
	3896 (19)	3893 (21)	3916 (31)

由表 4-5 可知，(H₂O)₂ 的 HOH 弯曲频率为 1639 cm⁻¹ 和 1664 cm⁻¹，可见，与 (H₂O)₂ 相比，M⁻(H₂O)₂（M=Cu，Ag，Au）体系的 HOH 弯曲频率发生蓝移，这是由于 M⁻(H₂O)₂（M=Cu，Ag，Au）中 H-O-H 键角减小。另外，由图 4-22 至图 4-25 可知，与 (H₂O)₂ 的 OH 伸缩频率相比，M⁻(H₂O)₂（M=Cu，Ag，Au）体系的伸缩频率有红移现象产生，并且，Au⁻(H₂O)₂ 中 Au⁻ 与 H₂O 分子之间较强的相互作用使得含 Au 体系中的红移量大于 Cu 和 Ag 体系中相应的红移量。

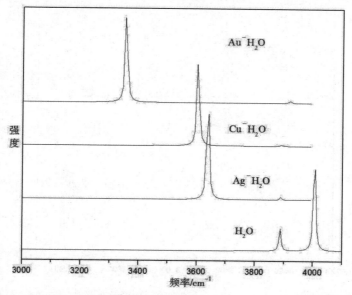

图 4-21 MP2 方法计算得到的 $M^-(H_2O)$（M=Cu，Ag，Au）的理论红外光谱

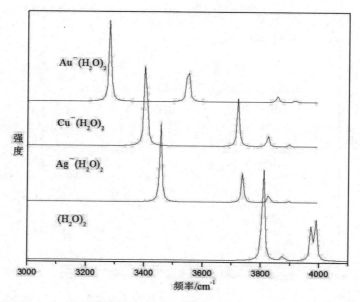

图 4-22 MP2 方法计算得到的 $M^-(H_2O)_2$（M=Cu，Ag，Au）的理论红外光谱

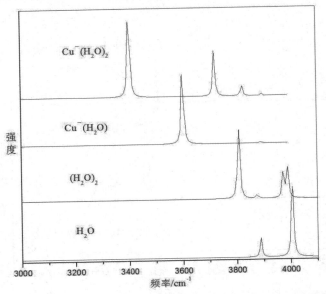

图 4-23 MP2 方法计算得到的$(H_2O)_{1,2}$ 和 $Cu^-(H_2O)_{1,2}$ 的理论红外光谱

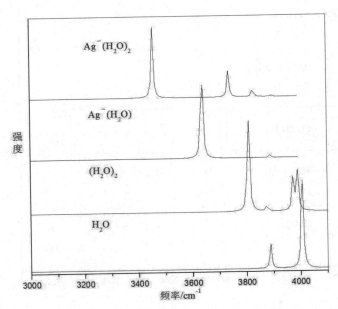

图 4-24 MP2 方法计算得到的$(H_2O)_{1,2}$ 和 $Ag^-(H_2O)_{1,2}$ 的理论红外光谱

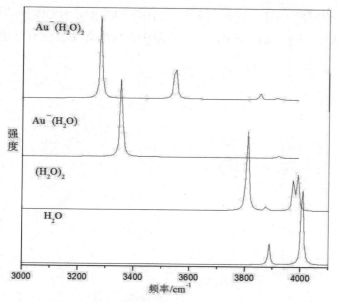

图 4-25 MP2 方法计算得到的$(H_2O)_{1,2}$ 和 $Au^-(H_2O)_{1,2}$的理论红外光谱

4.5 本章小结

　　本文使用二阶微扰论（MP2）方法对 $M^{\delta}(H_2O)_{1,2}$（M=Cu，Ag，Au；δ=0，−1）的几何结构和振动频率进行了系统的研究。$M(H_2O)$（M=Cu，Ag，Au）体系的基态几何结构中，贵金属原子 M 与 O 原子相连。贵金属原子偏离 H_2O 分子所在的平面。中性团簇 $M(H_2O)_{1,2}$ 能量最低、最稳定的几何构型分别具有 C_s 和 C_1 对称性，$M(H_2O)$（M=Cu，Ag，Au）的基态结构中 M 与 O 相连，并且 Ag-O 键长于 Cu-O 和 Au-O 的键，这与 $Ag(H_2O)$的结合能低于 $Cu(H_2O)$和 $Au(H_2O)$的结合能的结果一致。与$(H_2O)_2$的键长和键角相比，$M(H_2O)_2$（M=Cu，Ag，Au）体系的 O-H 键伸长，H-O-H 键角增加。

　　对于阴离子的团簇 $M^-(H_2O)_{1,2}$（M=Cu，Ag，Au）体系的基态几何结构中，M^- 与 H 原子相连，具有 C_s 对称性，贵金属阴离子 M^- 与 H_2O 分子之间的相互作用使得 H_2O 中的 H-O-H 键角减小，使得与 M^- 相连的 O-H 键有所伸长。而 $M^-(H_2O)_2$（M=Cu，Ag，Au）体系基态几何结构具有环形的几何结构，M^- 与 H 之间的相互作用同样使得相应的 O-H 键伸长。另外，与 H_2O 和 $(H_2O)_2$ 的 OH 伸缩频率相比，$M^\delta(H_2O)_{1,2}$（M=Cu，Ag，Au；δ=0，-1）体系中相应的频率发生红移现象。

第 5 章

$Cu^{2+}(H_2O)Ar_{1\sim4}$ 团簇结构与振动频率的理论研究

5.1 引言

铜作为人体不可缺少的微量元素，广泛分布在全身各组织和器官中，是包括基因表达[142,143]、光合作用[144,145]、生长和代谢[146]等很多生物过程必不可少的物质，甚至一些研究表明铜与动脉粥样硬化、阿尔茨海默病和其他神经变性衰老疾病的发病机理有关[147-149]。铜是生物系统中一种独特的催化剂，参与人体内如抗坏血酸氧化酶、酪氨酸酶和尿酸酶等多种酶的合成，同时为超氧化物歧化酶和单胺氧化酶等 30 余种酶的活性成分[150-152]，可以调节人体的生理功能。众所周知，地球上 71% 被水覆盖，水是生命之源，生命在水中诞生，水是所有生物体的重要组成成分。根据生物学家的报告，成年人体内水分占人体重的 60%~70%，人体内的许多生化反应都是在水环境下进行的。因此，为了了解铜离子在生化过程中起的作用，在基本层面上研究铜离子水合作用是至关重要的。本章选择水合二价铜离子团簇 $Cu^{2+}(H_2O)_n$ 进行研究，对 $Cu^{2+}(H_2O)_n$ 的研究可以作为研究金属溶解性、接触反应、金属酶的结构和功能以及分子在金属表面的吸附作用的理论模型，对于理解离子溶剂化现象非常关键，对分析生物环境中金属离子的水合性质具有重要意义，同时在配位化学和电化学等领域有着特别重要的作用，是化学和生物学中至关重要的问题。由于实验上较难产生气态的 $Cu^{2+}(H_2O)_n$ 团簇[153]，实验和理论上的研究主要集中在一价铜离子水合团簇 $Cu^+(H_2O)_n$ 上[49, 53, 154]。然而，在化学和生物化学过程中，高价铜离子是尤为重要的。因此，$Cu^{2+}(H_2O)_n$ 团簇成为近年来研究的热点。

虽然现在有很多实验[155-160]和理论[157, 161-168]对 $Cu^{2+}(H_2O)_n$ 团簇的水合结构进行了研究，但水分子的配位数和最稳定结构还未确定。由于对称和反对称 OH 伸缩频率非常灵敏地结合环境而改变，红外光谱（尤其是红外光解光谱）特别适合用来探索 $Cu^{2+}(H_2O)_n$ 团簇的结构。最初，Lisy 等人应用红外光解光谱方法对水合碱金属系统进行研究。现在，红外光解光谱方法已经被应用到水合单价金属团簇（Fe^+，V^+，Ni^+，Co^+，Mg^+，Al^+，Cu^+，Ag^+，Ti^+）和二价金属阳离子团簇（Cr^{2+}，Sc^{2+}，Mn^{2+}，V^{2+}）[129, 169-171]中。

在金属离子的红外光解光谱实验中，监测光谱的解离通道是从水合金属离子团簇中去掉一个水分子。当 OH 伸缩频率范围的红外光子能量低于金属离子和水分子之间的键能时，很难获得团簇的红外光谱。由于 Ar 原子较弱地与水合金属离子团簇结合，通常采用添加 Ar 原子的方法来解决上述问题。虽然添加 Ar 的方法已经被应用到 $Cu^+(H_2O)$ 团簇红外光解的研究中，遗憾的是目前实验和理论中尚没有此方法应用到 $Cu^{2+}(H_2O)$ 红外光谱的研究。

对于 $Cu^{2+}(H_2O)$ 团簇，气态团簇的存在近来引起广泛的争论。El-Nahas 指出 $Cu^{2+}(H_2O)$ 库仑能隙约为 29.3 kJ/mol，在动力学上是稳定的，并且利用 B3LYP 方法优化得到的基态结构具有 C_s 对称性。2001 年，利用新的质谱实验确认了 $Cu^{2+}(H_2O)$ 是一个长期存在的二价离子复合物。最近，利用不同泛函对 $Cu^{2+}(H_2O)$ 的基态结构进行了研究[172,173]，研究表明基态结构的结果与应用的泛函有关，应用 B3LYP 方法描述的基态结果是不准确的。

目前虽然有一些关于 $Cu^{2+}(H_2O)$ 团簇的研究，但对 $Cu^{2+}(H_2O)$ 和 $Cu^{2+}(H_2O)Ar_{1\sim4}$ 团簇结构、结合能和红外光谱的详细理论研究较少。本章采用高水平理论计算方法探索 $Cu^{2+}(H_2O)$ 和 $Cu^{2+}(H_2O)Ar_{1\sim4}$ 团簇的低能量结构和 OH 伸缩频率范围的红外光谱。使用结合能来分析能否通过添加 Ar 原子的方法获得团簇的红外光解光谱。另外，本章还将讨论添加 Ar 原子对红外光谱的影响。

5.2 计算方法和基组的选择

本章采用密度泛函理论对 $Cu^{2+}(H_2O)$ 和 $Cu^{2+}(H_2O)Ar_{1\sim4}$ 的所有可能的几何结构进行优化。以前的理论研究发现低交换项的泛函往往过高地估计低配位结构的稳定性，不能准确描述不同结构间的相对能量。本节采用拥有高交换项的 BHLYP 泛函对所有可能的几何结构进行优化并计算了振动频率和红外吸收强度，采用耦合团簇 CCSD(T) 方法[174,175]计算了系统基态几何结构的单点能。对于 Cu，使用了 19 个价电子的能量可调的 Stuttgart 相对论赝势[114]，相应的价电子基组为 (8s7p6d)/[6s5p3d]，在此基础上添加两个 f 函数（0.24 和 3.7）。

当计算 $Cu^{2+}(H_2O)$ 和 $Cu^{2+}(H_2O)Ar_{1\sim4}$ 中的相互作用能时，采用 Boys 和 Bernardi 提出的均衡校正法修正了基组重叠误差。为了接近于实验值，本节采用 50% 的基组重叠误差修正。

5.3 $Cu^{2+}(H_2O)Ar_{0\sim4}$ 的结构和结合能

$Cu^{2+}(H_2O)$ 的基态几何结构具有平面的 C_{2v} 对称性，如图 5-1 所示，这与 CCSD(T) 计算得到的结果一致。表 5-1 给出了 $Cu^{2+}(H_2O)$ 的几何参数和结合能，基态几何结构中 Cu^{2+}-O 键的长度为 0.1856 nm，考虑了基组重叠误差修正后 Cu^{2+}-H_2O 的结合能为 411.8 kJ/mol，显然 3400~3800 cm^{-1}（40.6~45.6 kJ/mol）范围的单个光子没有足够的能量破坏 Cu^{2+}-H_2O 键，因此很难通过检测水分子解离通道来观察到 $Cu^{2+}(H_2O)$ 的红外光解光谱。能否通过添加 Ar 原子的方法获得 $Cu^{2+}(H_2O)$ 的红外光谱呢？

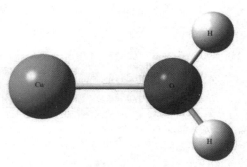

图 5-1 $Cu^{2+}(H_2O)$ 的基态几何结构示意图

表 5-1 $Cu^{2+}(H_2O)Ar_{0-3}$ 体系异构体 a 在 BHLYP 水平下计算的键长 R，键角，二面角和总能量 E_t 以及 CCSD(T)理论水平下计算的 Ar 原子的结合能ΔE

复合物	对称性	R_{M-O}/ nm	R_{O-H}/ nm	R_{M-Ar}/ nm	θ_1[b]/ (°)	θ_2[c]/ (°)	θ_3[d]/ (°)	E_t/hartree	ΔE/ kJ·mol⁻¹
$Cu^{2+}(H_2O)$	C_{2v}	0.1856	0.0975		180.0			−348.3338	
		0.1842[a]							
$Cu^{2+}(H_2O)Ar$	C_{2v}	0.1857	0.0972	0.2260	180.0	180.0	180.0	−800.2877	
			0.0972						
	C_s	0.1857	0.0972	0.2260	179.8	175.2	178.5	−800.2877	
			0.0972						
	C_1	0.1866	0.0971	0.2247	175.8	113.7	142.3	−800.2886	145.3
			0.0971						
$Cu^{2+}(H_2O)Ar_2$	C_{2v}	0.1930	0.0967	0.2295	180.0	180.0	130.1	−1327.8733	
			0.0967	0.2295		180.0	130.1		
	C_s	0.1930	0.0967	0.2295	179.7	179.8	130.1	−1327.8733	
			0.0967	0.2295		179.8	130.1		
	C_2	0.1891	0.0968	0.2297	180.0	90.0	130.1	−1327.8800	106.7
			0.0968	0.2297		90.0	130.1		
$Cu^{2+}(H_2O)Ar_3$	C_{2v}	0.1891	0.0964	0.2412	180.0	180.0	91.4	−1855.4577	
			0.0964	0.2412		180.0	91.4		
				0.2345		180.0	180.0		
	C_2	0.1891	0.0964	0.2412	180.0	176.0	91.4	−1855.4577	
			0.0964	0.2412		176.0	91.4		
				0.2345		180.0	180.0		
	C_s	0.1890	0.0964	0.2413	179.3	175.9	91.7	−1855.4577	74.1
			0.0964	0.2413		175.9	91.7		
				0.2344		89.6	174.2		

a：参考文献[51]，b：θ_1表示 Cu^{2+}，H，O 和 H 四个原子构成两个平面的二面角，c：θ_2表示 Ar，Cu^{2+}，O 和 H 四个原子构成两个平面的二面角，d：θ_3表示 Ar–Cu^{2+}–O 键角。

　　图 5-2 给出了 Cu²⁺(H₂O)Ar 团簇所有可能的异构体，由于 Ar 原子结合位置的不同，Cu²⁺(H₂O)Ar 有两种可能的异构体。在异构体 I a 中，Ar 原子与 Cu²⁺相连，而在异构体 I b 中，Ar 原子与水分子中的一个 H 原子结合。优化后的几何参数和 Ar 原子结合能列于表 5-1 和表 5-2 中。Cu²⁺(H₂O)Ar 中的 Ar 原子结合能的计算公式如下：

$$BE=E[Cu^{2+}(H_2O)Ar]-E[Cu^{2+}(H_2O)]-E[Ar] \tag{5-1}$$

　　其中 Cu²⁺(H₂O)Ar 和 Cu²⁺(H₂O)的能量对 BHLYP 方法优化后的几何结构使用 CCSD(T)方法计算的单点能，Cu²⁺(H₂O)Ar 的能量包含了对基组重叠误差的修正。

图 5-2(a) Cu²⁺(H₂O)Ar 异构体 I a 的几何结构示意图

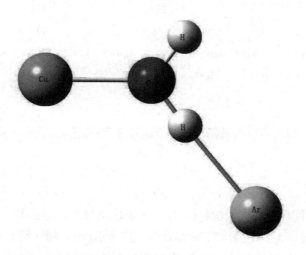

图 5-2(b) Cu²⁺(H₂O)Ar 异构体 I b 的几何结构示意图

表 5-2 Cu²⁺(H₂O)Ar₁₋₄ 体系异构体 b 在 BHLYP 水平下计算的键长 R，键角，二面角和总能量 E_t 以及 CCSD(T)理论水平下计算的 Ar 原子的结合能 ΔE

复合物	对称性	R_{M-O}/ nm	R_{O-H}/ nm	R_{M-Ar}/ nm	R_{Ar-H}/ nm	θ_1[a]/ (º)	θ_2[b]/ (º)	E_t/hartree	ΔE/ kJ·mol⁻¹
Cu²⁺(H₂O)Ar	C_s	0.1838	0.0974		0.1978	180.0	180.0	−800.2446	35.6
			0.1001						
Cu²⁺(H₂O)Ar₂	C_s	0.1841	0.0970	0.2265	0.2033	180.0	180.0	−1327.8498	
			0.0991				180.0		
	C_1	0.1847	0.0970	0.2252	0.2039	175.7	88.6	−1327.8503	30.1
			0.0991				165.5		
Cu²⁺(H₂O)Ar₃	C_s	0.1875	0.0967	0.2301	0.2093	180.0	90.0	−1855.4399	
			0.982	0.2301			90.1		
							180.0		
	C_1	0.1855	0.0966	0.2286	0.2092	180.0	87.7	−1855.4442	34.3
			0.0982	0.2356			93.0		
							180.0		
Cu²⁺(H₂O)Ar₄	C_s	0.1877	0.0963	0.2422	0.2144	180.0	180.0	−2383.0165	
			0.0975	0.2417			180.0		
				0.2346			180.0		
							180.0		
	C_1	0.1878	0.0963	0.2414	0.2149	179.2	176.1	−2383.0165	23.9
			0.0975	0.2422			170.9		
				0.2348			102.4		
							175.1		

a：θ_1 表示 Cu²⁺，H，O 和 H 四个原子构成两个平面的二面角，b：θ_2 表示 Ar，Cu²⁺，O 和 H 四个原子构成两个平面的二面角。

由表 5-1 可以看出，异构体Ⅰa 有三种可能的结构，对称性分别为 C_{2v}，C_s 和 C_1，计算数据显示对称性为 C_{2v} 和 C_s 的结构为势能面上的一阶鞍点，对称性为 C_1 的结构中所有频率都是正的，并且 C_1 结构的总能量低于另两个结构的能量。显然 Cu²⁺(H₂O)Ar 异构体Ⅰa 的低能量结构具有 C_1 对称性，Ar-Cu²⁺-O 键角约为 142.3°，另两个一阶鞍点中的此键角为 $180°$。H_2O 对 Cu^{2+} 强烈的极化导致负电荷部分分布在与水分子相反方向的 C_2 轴上，当 Ar 原子添加到 $Cu^{2+}(H_2O)$ 与 Cu^{2+} 相结合时，Ar 避开这个负电荷区域导致 Ar-Cu^{2+}-O 严重偏离直线排列。

在 $Cu^{2+}(H_2O)Ar$ 异构体 I b 中，对称性为 C_s 的低能量结构中，一个 O-H 键键长为 0.0974 nm，另一个与 Ar 原子相连的 O-H 键的长度为 0.1001 nm，可见 Ar 与 O-H 键相连导致相应 O-H 键伸长 0.0026 nm。由表 5-1 和表 5-2 可知，异构体 I b 结构的单点能高于异构体 I a 的能量，并且异构体 I a 和 I b 中的 Ar 原子结合能分别为 145.3 kJ/mol 和 35.6 kJ/mol。显然，异构体 I a 的 C_1 对称性结构要比异构体 I b 的结构稳定。另外，Ar 原子与水分子之间结合能低于 OH 伸缩频率范围的光子能量，可能在 $Cu^{2+}(H_2O)Ar$ 异构体 I b 中解离 Ar 原子。遗憾的是目前没有关于 $Cu^{2+}(H_2O)Ar$ 红外光谱的实验研究。但是有关于实验和理论上有 $M^{2+}(H_2O)Ar_n$（M=Cr，Sc，Mn，V）红外光谱的研究报道。与 $Cu^{2+}(H_2O)$ 相似，$M^{2+}(H_2O)$（M=Cr，Sc，Mn，V）的结合能显著地高于单个红外光子的能量并使用添加 Ar 原子的方法完成解离。关于 $M^{2+}(H_2O)Ar_n$（M=Cr，Sc，Mn，V）的这些工作表明，$M^{2+}(H_2O)Ar_n$（M=Cr，Sc，Mn，V）中所有 Ar 原子均与二价金属离子相连并且实验得到的异构体结构与理论上给出的最稳定结构一致。对于 $Cu^{2+}(H_2O)Ar$ 团簇，Ar 原子与 O-H 键连接的异构体 I b 可能不会形成或含量较低，而最稳定的 C_1 结构中高的 Cu^{2+}-Ar 键能使得单光子不能解离 $Cu^{2+}(H_2O)Ar$。为了探测能否通过添加两个 Ar 原子的方法得到团簇的红外光谱，本章对 $Cu^{2+}(H_2O)Ar_2$ 的结构和第二个 Ar 原子的结合能进行了研究。

由于两个 Ar 原子结合位置的不同，$Cu^{2+}(H_2O)Ar_2$ 有三种可能的异构体，如图 5-3 所示。在异构体 II a 中两个 Ar 原子均与 Cu^{2+} 连接，异构体 II b 中一个 Ar 原子与 Cu^{2+} 相连而另一个 Ar 原子连接到一个 O-H 键，异构体 II c 中两个 Ar 原子均与 H 原子结合。$Cu^{2+}(H_2O)Ar_2$ 团簇的异构体 II a 中，C_{2v} 和 C_s 结构中均发现有虚频存在，所有频率为正值的低能量结构具有 C_2 对称性。在这个 C_2 对称性结构中，两个 Ar-Cu^{2+} 键长度都是 0.2297 nm，两个 Ar-Cu^{2+}-O 键角为 $130.1°$，两个 Ar 均偏离了 Cu^{2+}-O 键所在直线。另外两个由 Ar，Cu^{2+}，O 和 H 四个原子形成的二面角均为 $90.0°$，这表明两个 Ar 原子对称分布在 $Cu^{2+}(H_2O)$ 平面上下两侧。在 $Cu^{2+}(H_2O)Ar_2$ 异构体 II b 中，拥有一个虚频的 C_s 对称性结构为一阶鞍点，低能量几何结构具有 C_1 对称性。在低能量结构中，与 O-H 键相连的 Ar 原子接近于 $Cu^{2+}(H_2O)$ 平面，而另一个与 Cu^{2+} 相结合的 Ar 原子偏离 $Cu^{2+}(H_2O)$ 平面。几何优化结果显示异构体 II c 的低能量结构为具有 C_{2v} 对称性的平面结构。表5-3给出了两个与Ar原子相连的O-H键长度为0.0995 nm，显然Ar与O-H键之间的相互作用导致相应O-H键伸长。对于$Cu^{2+}(H_2O)Ar_2$团簇，计算结果表明异构体Ⅱa的对称性为C_2的结构为最低能量几何结构，而异构体Ⅱb和Ⅱc的低能量结构为局域最低能量结构。

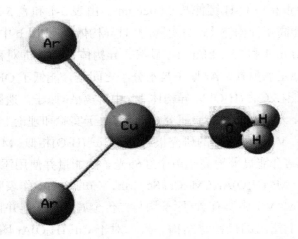

图 5-3(a) $Cu^{2+}(H_2O)Ar_2$ 异构体Ⅱa 的几何结构示意图

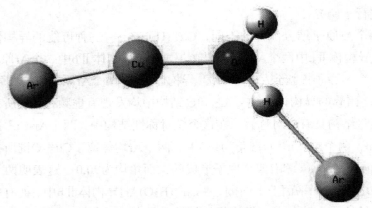

图 5-3(b) $Cu^{2+}(H_2O)Ar_2$ 异构体Ⅱb 的几何结构示意图

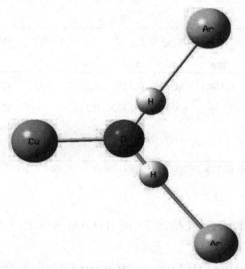

图 5-3(c) Cu²⁺(H₂O)Ar₂ 异构体 Ⅱc 的几何结构示意图

表 5-3 Cu²⁺(H₂O)Ar₂~₄ 体系异构体 c 在 BHLYP 水平下计算的键长 R，键角，二面角
和总能量 E_t 以及 CCSD(T) 理论水平下计算的 Ar 原子的结合能 ΔE

复合物	对称性	$R_{M\text{-}O}/$ nm	$R_{O\text{-}H}/$ nm	$R_{M\text{-}Ar}/$ nm	$R_{Ar\text{-}H}/$ nm	$\theta_1{}^a/$ (°)	$\theta_2{}^b/$ (°)	E_t/hartree	$\Delta E/$ kJ·mol⁻¹
Cu²⁺(H₂O)Ar₂	C_{2v}	0.1821	0.0995		0.2011	180.0	180.0	−1327.8073	33.1
			0.0995		0.2011		180.0		
Cu²⁺(H₂O)Ar₃	C_{2v}	0.1826	0.0987	0.2266	0.2062	180.0	180.0	−1855.4106	
			0.0987		0.2062		180.0		
							180.0		
	C_s	0.1832	0.0986	0.2256	0.2067	175.6	85.4	−1855.4110	28.5
			0.0986		0.2067		139.1		
							139.1		
Cu²⁺(H₂O)Ar₄	C_s	0.1841	0.0977	0.2289	0.2114	180.0	180.0	−2383.0027	
			0.0979	0.2381	0.2125		180.0		
							180.0		
							180.0		

续表 5-3

复合物	对称性	$R_{M\text{-}O}$/ nm	$R_{O\text{-}H}$/ nm	$R_{M\text{-}Ar}$/ nm	$R_{Ar\text{-}H}$/ nm	θ_1[a]/ (°)	θ_2[b]/ (°)	E_t/hartree	ΔE/ kJ·mol^{-1}
$Cu^{2+}(H_2O)Ar_4$	C_1	0.1843	0.0979	0.2289	0.2117	175.3	87.9	−2383.0035	22.6
			0.0979	0.2362	0.2117		92.3		
							135.8		
							137.9		

a: θ_1 表示 Cu^{2+}，H，O 和 H 四个原子构成两个平面的二面角；b: θ_2 表示 Ar，Cu^{2+}，O 和 H 四个原子构成两个平面的二面角。

表5-1、表5-2和表5-3还给出了 $Cu^{2+}(H_2O)Ar_2$ 中 Ar 原子结合能的结果，Ar 原子结合能的计算公式如下：

$$BE = E[Cu^{2+}(H_2O)Ar_2] - E[Cu^{2+}(H_2O)Ar] - E[Ar] \tag{5-2}$$

复合物 $Cu^{2+}(H_2O)Ar_2$ 异构体 Ⅱa，Ⅱb 和 Ⅱc 中的 Ar 原子结合能分别为 106.7 kJ/mol，30.1 kJ/mol 和 33.1 kJ/mol。显然 $Cu^{2+}(H_2O)Ar_2$ 团簇的稳定结构更倾向于所有 Ar 原子均与 Cu^{2+} 相连的异构体 Ⅱa。已有关于 $M^{2+}(H_2O)Ar_2$（M=Cr，Sc，Mn，V）团簇的报道中指出，尚没有发现 Ar 原子与 O-H 键相连的结构，另外，由于 Ar 原子相对较强的结合作用导致 $Sc^{2+}(H_2O)Ar_2$ 和 $V^{2+}(H_2O)Ar_2$ 较少地解离，实验中只观察到一个较弱并且较杂的带（见图 5-4 和图 5-5），而 $M^{2+}(H_2O)Ar_2$（M=Cr，Mn）团簇并未发生解离现象。对于 $Cu^{2+}(H_2O)Ar_2$，两个 Ar 原子均与 Cu^{2+} 相连的最稳定几何结构中，Ar 原子结合能比单个红外光子的能量大得多，因此红外光子可能没有足够的能量解离团簇中的 Ar 原子，要促进解离的产生可能需要在团簇中添加多个 Ar 原子。

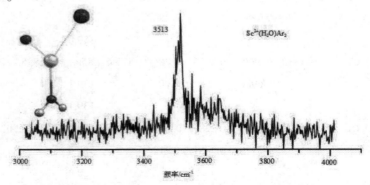

图 5-4　实验测到的 $Sc^{2+}(H_2O)Ar_2$ 复合物的红外光解光谱[172]

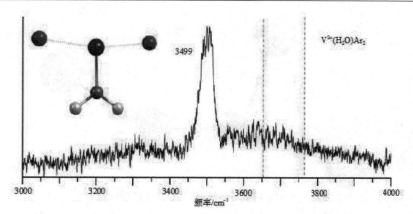

图 5-5　实验测到的 V²⁺(H₂O)Ar₂ 复合物的红外光解光谱[174]

Cu²⁺(H₂O)Ar₃ 有三种可能的异构体，由图 5-6 可知，异构体Ⅲa 中三个 Ar 原子均与 Cu²⁺结合，而在异构体Ⅲb 中两个 Ar 原子与 Cu²⁺相连，第三个 Ar 原子与 H 原子相连，异构体Ⅲc 中两个 Ar 原子与 H 原子结合，剩下的一个 Ar 原子与 Cu²⁺结合。所有异构体结构的几何参数和结合能列于表 5-1、表 5-2 和表 5-3 中。几何优化结果表明对称性为 C_{2v} 和 C_2 的平面结构为一阶鞍点，拥有较低能量并且所有的频率均为正值的 C_s 对称性结构是异构体Ⅲa 中的低能量结构，对称性为 C_s 的结构中两个 Ar-Cu²⁺键键长均为 0.2413 nm，并且两个 Cu²⁺-O 键近似垂直于 Cu²⁺-O 键，而第三个 Ar 原子稍偏离 Cu²⁺(H₂O)所在平面，Ar-Cu²⁺-O 键角约为 174.2°。

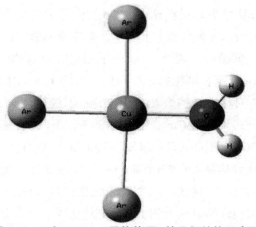

图 5-6(a) Cu²⁺(H₂O)Ar₃ 异构体Ⅲa 的几何结构示意图

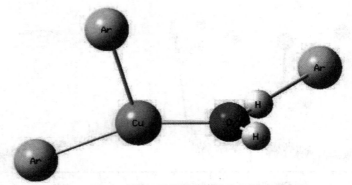

图 5-6(b) Cu²⁺(H₂O)Ar₃ 异构体Ⅲb 的几何结构示意图

图 5-6(c) Cu²⁺(H₂O)Ar₃ 异构体Ⅲc 的几何结构示意图

表 5-2 给出的计算结果显示在异构体Ⅲb 的低能量结构中两个 Ar 原子在 Cu²⁺ 附近分别分布在 Cu²⁺(H₂O)平面的上下位置。对于异构体Ⅲc，研究发现对称性为 C_s 的结构为低能量几何结构，两个与 Ar 原子相连的 O-H 键均伸长到 0.0985 nm。另一方面，异构体Ⅲa 低能量结构的总能量低于另两个异构体相应结构的能量，这说明异构体Ⅲa 的 C_s 对称性结构为 Cu²⁺(H₂O)Ar₃ 团簇势能面上的全局最低几何结构。本章使用以下公式计算了 Cu²⁺(H₂O)Ar₃ 的 Ar 原子结合能

$$BE = E[Cu^{2+}(H_2O)Ar_3] - E[Cu^{2+}(H_2O)Ar_2] - E[Ar] \qquad （5-3）$$

复合物 Cu²⁺(H₂O)Ar₃ 异构体Ⅲa、Ⅲb 和Ⅲc 中的 Ar 原子结合能分别为 74.1 kJ/mol、34.3 kJ/mol 和 28.5 kJ/mol。显然，三个 Ar 原子均与 Cu²⁺ 相连的结构是最稳定的。已有的关于 Cr²⁺(H₂O)Ar₃ 的研究表明，实验中只发现一个所有 Ar 原子与 Cr²⁺ 结合的结构，计算得到的 Ar 原子结合能为 55.3 kJ/mol，在 Cr²⁺(H₂O)Ar₃ 发现一个清楚

的带和一个高频的很难确定结构的宽带（如图 5-7 所示）。对于 Cu^{2+}(H$_2$O)Ar$_3$ 团簇，异构体Ⅲb 和Ⅲc 不会形成或者量很少。异构体Ⅲa 中的 Ar 原子结合能稍高于 Cr^{2+}(H$_2$O)Ar$_3$ 中相应的能量，Cu^{2+}(H$_2$O)Ar$_3$ 可能不会通过去掉一个 Ar 原子而解离，或者少量解离形成宽的光谱带。

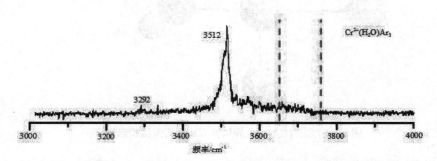

图 5-7　实验测到的 Cr^{2+}(H$_2$O)Ar$_3$ 复合物的 OH 伸缩频率范围的红外光解光谱[129]

Cu^{2+}(H$_2$O)Ar$_4$团簇也有三种可能的异构体Ⅳa，Ⅳb 和Ⅳc，图 5-8 给出了这三种异构体的结构示意图，尝试优化四个 Ar 原子均与 Cu^{2+}相连的 C_{2v} 对称的平面结构时失败，不稳定的 C_{2v} 结构坍塌为异构体Ⅳc 的结构。异构体Ⅳc 中两个 Ar 原子与 Cu^{2+}相连，另两个 Ar 原子连接到 H 原子。有一个虚频的平面 C_s 对称结构为一阶鞍点，研究发现对称性为 C_1 的结构为低能量结构，连接到 Cu^{2+}的两个 Ar 原子与 Cu^{2+}、O、H 形成的二面角分别为 87.9°和 92.3°，可见两个 Ar 原子分别位于 Cu^{2+}(H$_2$O)平面的上下。

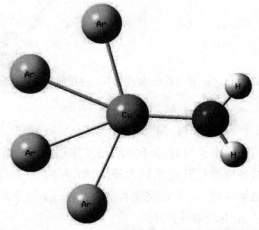

图 5-8(a) Cu^{2+}(H$_2$O)Ar$_4$异构体Ⅳa 的几何结构示意图

137

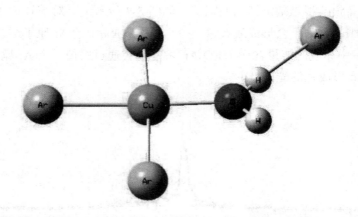

图 5-8(b) $Cu^{2+}(H_2O)Ar_4$ **异构体Ⅳb 的几何结构示意图**

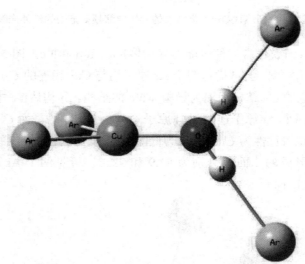

图 5-8(c) $Cu^{2+}(H_2O)Ar_4$ **异构体Ⅳc 的几何结构示意图**

异构体Ⅳb 中三个 Ar 原子与 Cu^{2+} 连接，第四个 Ar 原子与一个 H 原子相连，在低能量的 C_1 结构中 Ar 原子与 H 原子间的相互作用导致相应 O-H 键伸长 0.0012 nm。$Cu^{2+}(H_2O)Ar_4$ 的最低能量几何结构为异构体Ⅳb 的 C_1 对称性结构，这与 Cu^{2+} 的典型配位数 4 的结果一致。为了研究能否通过去除 Ar 原子的方法来获得红外光谱，采用下式计算了 Ar 原子的结合能

$$BE=E[Cu^{2+}(H_2O)Ar_4] - E[Cu^{2+}(H_2O)Ar_3] - E[Ar] \qquad (5-4)$$

异构体Ⅳb 和Ⅳc 的 Ar 原子结合能相近，并且它们的 Ar 原子结合能小于单个红外
光子的能量，可见当在 $Cu^{2+}(H_2O)$ 中添加四个 Ar 原子时团簇能够发生红外解离现
象。实验中已经检测到了 $M^{2+}(H_2O)Ar_4$（M=Cr，Sc，V）的红外光谱（光谱图见
图 5-9），但遗憾的是目前尚没有关于 $Cu^{2+}(H_2O)Ar_4$ 红外光解光谱的实验报道。

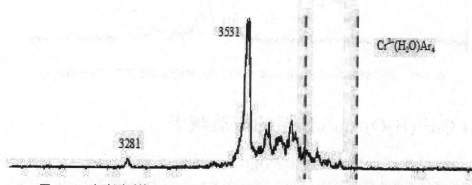

图 5-9(a)　实验测到的 $Cr^{2+}(H_2O)Ar_4$ 复合物的 OH 伸缩频率范围的红外光解光谱

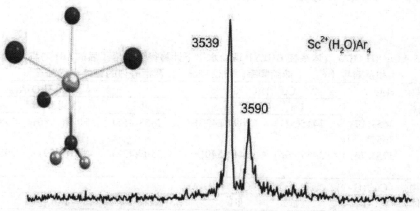

图 5-9(b)　实验测到的 $Sc^{2+}(H_2O)Ar_4$ 复合物的 OH 伸缩频率范围的红外光解光谱

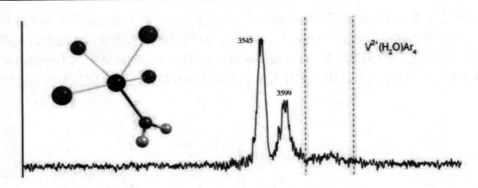

图 5-9(c) 实验测到的 $V^{2+}(H_2O)Ar_4$ 复合物的 OH 伸缩频率范围的红外光解光谱

5.4 $Cu^{2+}(H_2O)Ar_{0\sim4}$ 体系的振动频率

为了探测 Ar 原子的添加对 $Cu^{2+}(H_2O)$ 红外光谱的影响，本章对 OH 伸缩频率和红外光谱的吸收强度进行了研究。为了使水分子的对称和反对称 OH 伸缩频率接近实验值 3657 cm^{-1} 和 3756 cm^{-1}，本章使用修正因子 0.918 对计算得到的 OH 伸缩频率进行修正。H_2O，$Cu^{2+}(H_2O)$ 和 $Cu^{2+}(H_2O)Ar_{1\sim4}$ 修正后的振动频率列于表 5-4 中。图 5-10 至图 5-16 给出了 $Cu^{2+}(H_2O)$ 和 $Cu^{2+}(H_2O)Ar_{1\sim4}$ 的红外光解光谱。

表 5-4 $Cu^{2+}(H_2O)Ar_{1\sim4}$ 体系在 BHLYP 理论水平下计算得到的修正后的 OH 对称（v_{sym}）和反对称（v_{asym}）伸缩频率，单位：cm^{-1}，及括号内的红外光谱强度

复合物	H_2O	$Cu^{2+}(H_2O)Ar$		$Cu^{2+}(H_2O)Ar_2$		
异构体		I a	I b	II a	II b	II c
v_{sym}	3657(17) 3657[a]	3415(511)	2894(2430)	3453(455)	3071(1980)	2983(2041)
v_{asym}	3753(76) 3756[a]	3469(495)	3410(540)	3507(438)	3461(479)	2984(2371)

复合物	$Cu^{2+}(H_2O)$	$Cu^{2+}(H_2O)Ar_3$			$Cu^{2+}(H_2O)Ar_4$	
异构体		III a	III b	III c	IV b	IV c
v_{sym}	3362(583)	3501(318)	3201(1548)	3129(1633)	3307(1195)	3241(1215)
v_{asym}	3414(557)	3561(367)	3507(416)	3141(1974)	3546(340)	3263(1637)

a：参考文献[61]。

表 5-4 给出了 H₂O 分子修正后的对称和反对称 OH 伸缩频率分别为 3657 cm⁻¹ 和 3753 cm⁻¹，这两个数值与其相应的实验结果都非常接近。Cu²⁺(H₂O) 修正后的振动频率为 3362 cm⁻¹ 和 3414 cm⁻¹，相对于自由 H₂O 分子的对称和反对称 OH 伸缩频率分别发生了约 295 cm⁻¹ 和 339 cm⁻¹ 的红移，这种红移现象是由于 Cu²⁺ 和 H₂O 之间的诱导效应导致 O-H 键减弱并使 O-H 键伸长，这种诱导效应通过慕利肯布局数分析 Cu²⁺ 中电荷的明显减少（由 2.0 变到 1.308）可以得到证明。另外，Cu²⁺(H₂O) 相对于 H₂O 的红移量要大于 Cu⁺(H₂O) 中相应的红移量，这与 Cu²⁺(H₂O) 中的结合能大于 Cu⁺(H₂O) 中的水分子结合能（164.5 kJ/mol）相一致。对于 Cu⁺(H₂O)Ar 团簇，由图 5-10、图 5-14 可以看出，异构体 Ⅰa 的对称和反对称 OH 伸缩频率分别为 3415 cm⁻¹ 和 3469 cm⁻¹，显然由于 Ar 原子部分地减弱了 Cu²⁺(H₂O) 中的诱导作用，异构体 Ⅰa 相对于 Cu²⁺(H₂O) 的频率发生了明显的蓝移现象，并且对称和反对称 OH 伸缩频率相应的蓝移量分别为 53 cm⁻¹ 和 55 cm⁻¹。相反地，异构体 Ⅰb 相对于 Cu²⁺(H₂O) 发生了红移现象，相应的红移量分别为 468 cm⁻¹ 和 4 cm⁻¹，这是 Ar 原子使得相应 O-H 键伸长（计算的伸长量为 0.0026 nm）所导致的。

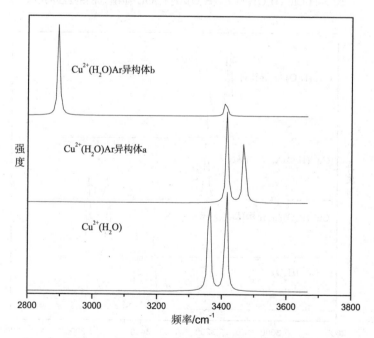

图 5-10 Cu²⁺(H₂O) 和 Cu²⁺(H₂O)Ar 在 OH 伸缩范围的红外光谱

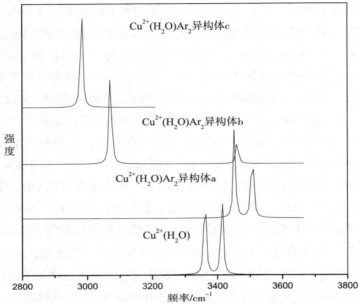

图 5-11 Cu²⁺(H₂O) 和 Cu²⁺(H₂O)Ar₂ 在 OH 伸缩范围的红外光谱

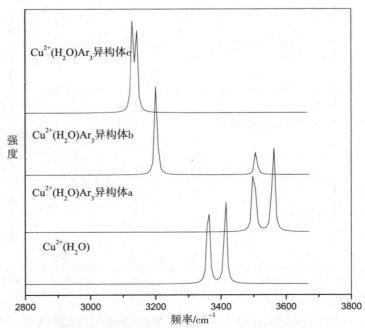

图 5-12 Cu²⁺(H₂O) 和 Cu²⁺(H₂O)Ar₃ 在 OH 伸缩范围的红外光谱

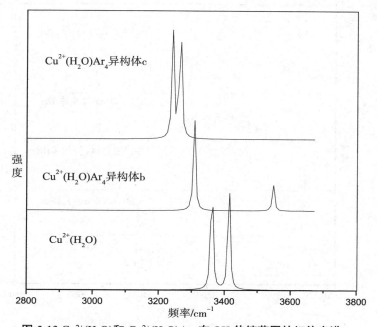

图 5-13 Cu²⁺(H₂O)和 Cu²⁺(H₂O)Ar₄ 在 OH 伸缩范围的红外光谱

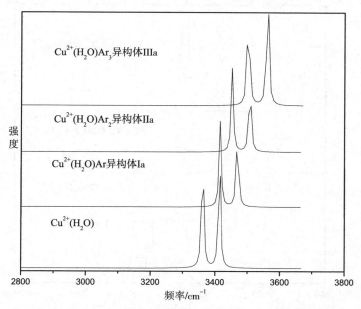

图 5-14 Cu²⁺(H₂O)和 Cu²⁺(H₂O)Ar₁₋₃ 异构体 a 在 OH 伸缩范围的红外光谱

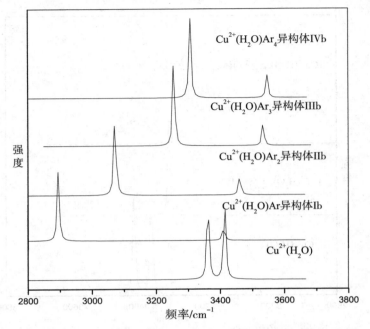

图 5-15 $Cu^{2+}(H_2O)$ 和 $Cu^{2+}(H_2O)Ar_{1\sim4}$ **异构体 b 在 OH 伸缩范围的红外光谱**

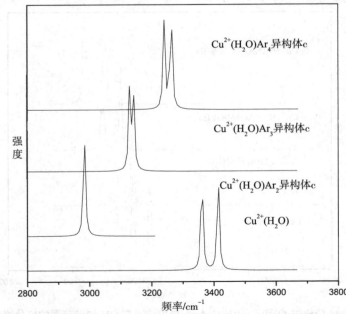

图 5-16 $Cu^{2+}(H_2O)$ 和 $Cu^{2+}(H_2O)Ar_{2\sim4}$ **异构体 c 在 OH 伸缩范围的红外光谱**

$Cu^{2+}(H_2O)Ar_2$ 的异构体Ⅱa的对称和反对称OH伸缩频率为3453 cm⁻¹ 和3507 cm⁻¹，由于两个 Ar 原子较大地减弱 Cu⁺ 和 H₂O 之间的相互作用，相比于 Cu⁺(H₂O)的相应频率分别发生 91cm⁻¹ 和 93 cm⁻¹ 的蓝移，而且由图 5-14 可以看出 $Cu^{2+}(H_2O)Ar_2$ 中产生的蓝移量要大于 $Cu^{2+}(H_2O)Ar$ 中相对应的值。对于两个 Ar 原子分别与 Cu²⁺ 和 O-H 键连接的异构体Ⅱb，计算结果表明其对称 OH 伸缩频率较 Cu⁺(H₂O)发生了 291 cm⁻¹ 的红移，这与 $Cu^{2+}(H_2O)Ar_2$ 中与 Ar 原子相连的 O-H 键比 $Cu^{2+}(H_2O)$ 相应的 O-H 键伸长 0.0016 nm 的情况相符。由图 5-11 可知，在异构体Ⅱc 发现了同样的红移现象，并且两个 Ar 原子均与 O-H 键相连导致其红移量大于异构体Ⅱb 中相应的数值。

对于 $Cu^{2+}(H_2O)Ar_3$ 团簇，异构体Ⅲa的对称和反对称OH伸缩频率分别为3501 cm⁻¹ 和 3561cm⁻¹，显然三个 Ar 原子连接到 Cu²⁺ 使其频率较 Cu²⁺(H₂O)中相对应频率分别发生 139 cm⁻¹ 和 147 cm⁻¹ 的蓝移，这个蓝移量比 Cu²⁺(H₂O)Ar 和 Cu²⁺(H₂O)Ar₂ 中相应值都要大（如图 5-14 所示）。由表 5-4、图 5-12 和图 5-15 表明，与 Cu²⁺(H₂O)相比，异构体Ⅲb 中与 Ar 原子相连的 O-H 键伸长导致相应 OH 伸缩振动频率蓝移 161 cm⁻¹，异构体Ⅲc 的对称和反对称 OH 伸缩频率中有更大的红移产生。

表 5-4、图 5-13 和图 5-16 显示 Cu²⁺(H₂O)Ar₄ 团簇的异构体Ⅳb 和Ⅳc 中，OH 伸缩频率均相对于 Cu²⁺(H₂O)发生红移现象，显然异构体Ⅳc 的红移量较大，这些红移现象的产生都是由 Ar 原子的加入导致相应 O-H 键伸长造成的。

5.5　本章小结

理论计算表明 Cu²⁺-H₂O 键能为 411.9 kJ/mol。显然，单个红外光子不能使 Cu²⁺(H₂O)发生解离。为了通过单光子激发获得 Cu²⁺(H₂O)的红外光谱，需要采用添加 Ar 原子的方法达到单光子有效解离的目的。计算结果显示 Cu²⁺(H₂O)Ar₁₋₄ 团簇中 Ar 原子的不同结合位置导致团簇有多个异构体产生。对于 Cu²⁺(H₂O)Ar₁₋₃ 团簇，在所有 Ar 原子均与 Cu²⁺ 相连的最低能量异构体结构中，Ar 原子结合能高于 3400~3800 cm⁻¹ 范围的单个红外光子能量，可见单个光子没有足够的能量在 Cu²⁺(H₂O)Ar₁₋₃ 解离掉一个 Ar 原子，因而无法通过探测 Ar 原子解离通道来获得团簇的红外光解光谱。Cu²⁺(H₂O)Ar₄ 中的 Ar 原子结合能为 23.9 kJ/mol，这个能量低于单个红外光子的能量，因此当添加四个 Ar 原子时可能会发生红外解离现象。

本章还讨论了多个 Ar 原子的添加对团簇红外光谱的影响，计算的 OH 伸缩频率结果表明：与自由的水分子相比，$Cu^{2+}(H_2O)Ar_{1\sim4}$ 的频率向低频移动，并且随着与 Cu^{2+} 相连的 Ar 原子数的增多红移量减小，然而一个或两个 Ar 原子与 O-H 键相连导致振动频率较 $Cu^{2+}(H_2O)$ 发生红移现象，而且两个 Ar 原子与水分子结合所产生的红移量要大于只有一个 Ar 原子连接到 O-H 键的情况。

参考文献

[1] 王广厚. 团簇物理的新进展(I)[J]. 物理学进展，1994，14 (2)：121-172.

[2] 王广厚. 团簇物理学[M]. 上海：上海科学技术出版社，2003.

[3] STEIN G D. Atoms and molecules in small aggregates[J]. The Physics Teacher，1979，17 (8)：503-512.

[4] MARTIN T P. Alkali halide clusters and microcrystals[J]. Physics Reports，1983，95 (3)：167-199.

[5] 王广厚，窦烈，庞锦忠，等. 离子簇的奇异性质[J]. 物理学进展，1987，7 (1)：1-81.

[6] 冯翠菊，丁东. 团簇的奇异特性和研究方法[J]. 现代物理知识，2009，22 (5)：29-32.

[7] 翟华金，倪国权，周汝枋，等. 混合/掺杂团簇研究进展[J]. 物理学进展，1997，17 (3)：265-288.

[8] VADEN T D，LISY J M，CARNEGIE P D，et al. Infrared spectroscopy of the $Li^+(H_2O)Ar$ complex: the role of internal energy and its dependence on ion preparation[J]. Physical Chemistry Chemical Physics，2006，8 (19)：3078-3082.

[9] HURLEY S M，DERMOTA T E，HYDUTSKY D P，et al. Dynamics of hydrogen bromide dissolution in the ground and excited states[J]. Science，2002，298 (5591)：202-204.

[10] SASAKI J, OHASHI K, INOUE K, et al. Infrared photodissociation spectroscopy of $V^+(H_2O)_n$ (n=2–8)：Coordinative saturation of V^+ with four H_2O molecules[J]. Chemical Physics Letters，2009，474 (1-3)：36-40.

[11] REVELES J U, CALAMINICI P, BELTRAN M R, et al. H_2O nucleation around Au^+[J]. Journal of the American Chemical Society, 2007, 129 (50): 15565-15571.

[12] ZHENG W J, LI X, EUSTIS S, et al. Anion photoelectron spectroscopy of $Au^-(H_2O)_{1,2}$, $Au^-_2(D_2O)_{1-4}$, and $AuOH^-$[J]. Chemical Physics Letters, 2007, 444 (4~6): 232-236.

[13] ROBERTSON W H, DIKEN E G, PRICE E A, et al. Spectroscopic determination of the OH^-solvation shell in the $OH^-\cdot(H_2O)_n$clusters[J]. Science, 2003, 299 (5611): 1367-1372.

[14] KELLEY J A, WEDDLE G H, ROBERTSON W H, et al. Linking the photoelectron and infrared spectroscopies of the $(H_2O)_6^-$isomers[J]. The Journal of Chemical Physics, 2002, 116 (3): 1201-1203.

[15] LEE H M, KIM D, KIM K S. Structures, spectra, and electronic properties of halide-water pentamers and hexamers, $X^-(H_2O)_{5,6}$ (X=F, Cl, Br, I): Ab initio study[J]. The Journal of Chemical Physics, 2002, 116 (13): 5509-5520.

[16] HAN M L, SUH S B, KIM K S. Water heptamer with an excess electron: Ab initio study[J]. The Journal of Chemical Physics, 2003, 118 (22): 9981-9986.

[17]REIMANN B, BUCHHOLD K, BARTH H D, et al. Anisole$^-(H_2O)_n$ (n=1–3) complexes: an experimental and theoretical investigation of the modulation of optimal structures, binding energies, and vibrational spectra in both the ground and first excited states[J]. The Journal of Chemical Physics, 2002, 117 (19): 8805-8822.

[18] GRANATIER J, URBAN M, SADLEJ A J. Van der Waals complexes of Cu, Ag, and Au with hydrogen sulfide. The bonding character[J]. The Journal of Physical Chemistry A, 2007, 111 (50): 13238-13244.

[19] HAN M L, DIEFENBACH M, SUH S B, et al. Why the hydration energy of $Au^+$is larger for the second water molecule than the first one: Skewed orbitals overlap[J]. The Journal of Chemical Physics, 2005, 123 (7): 74328.

[20] WEN Q, JÄGER W. Rotational spectra of the $Xe^-(H_2O)_2$ van der Waals trimer: xenon as a probe of electronic structure and dynamics[J]. The Journal of Physical Chemistry A, 2007, 111 (11): 2093-2097.

[21] CASTLEMANA W, KEESEE R G.Ionic clusters[J]. Chemical Reviews, 1986, 86 (3): 589-618.

[22] MÄRK T D. Cluster ions: Production, detection and stability[J]. International Journal of Mass Spectrometry, Ion Process, 1987, 79 (1): 1-59.

[23] KEBARLE P. Ion thermochemistry and solvation from gas phase ion equilibria[J]. AnnualReview of Physical Chemistry, 1977, 28: 445-476.

[24] ARMENTROUT P B. Building Organometallic Complexes from the Bare Metal: Thermochemistry and Electronic Structure along the Way[J]. Accounts of Chemical Research, 1995, 28 (10): 430-436.

[25] RODGERS M T, ARMENTROUT P B. Noncovalent metal-ligand bond energies as studied by threshold collision-induced dissociation[J]. Mass Spectrometry Reviews, 2000, 19 (4): 215-247.

[26] LISY J M. Spectroscopy and structure of solvated alkali-metal ions[J]. International Reviews in Physical Chemistry, 1997, 16 (3): 267-289.

[27] CABARCOS O M, WEINHEIMER C J, LISY J M. Competitive solvation of K^+ by benzene and water: Cation-π interactions and π-hydrogen bonds[J]. The Journal of Chemical Physics, 1998, 108 (13): 5151-5154.

[28] CABARCOS O M, WEINHEIMER C J, LISY J M. Size selectivity by cation-π interactions: Solvation of K^+ and Na^+ by benzene and water[J]. The Journal of Chemical Physics, 1999, 110 (17): 8429-8435.

[29] VADEN T D, FORINASH B, LISY J M. Rotational structure in the asymmetric OH stretch of $Cs^+(H_2O)Ar$[J]. The Journal of Chemical Physics, 2002, 117 (10): 4628-4631.

[30] GREGOIRE G, DUNCAN M A. Infrared spectroscopy to probe structure and growth dynamics in Fe^+-$(CO_2)_n$clusters[J]. The Journal of Chemical Physics, 2002, 117 (5): 2120-2130.

[31] HEIJNSBERGEN D, HELDEN G, MEIJER G, et al. Infrared spectra of gas-phase V^+-(benzene) and V^+-(benzene)$_2$ complexes[J]. Journal of the American Chemical Society, 2002, 124 (8): 1562-1563.

[32] WALTERS R S, JAEGER T, DUNCAN M A. Infrared spectroscopy of $Ni^+(C_2H_2)_n$complexes: Evidence for intracluster cyclization reactions[J]. The Journal of Physical Chemistry A, 2002, 106 (44): 10482-10487.

[33] Duncan M A. Infrared spectroscopy to probe structure and dynamics in metalion-

molecule complexes[J].International Reviews in Physical Chemistry，2003，22 (2)：407-435.

[34] WALKER N R，WALTERS R S，PILLAI E D，et al. Infrared spectroscopy of $V^+(H_2O)$ and $V^+(D_2O)$ complexes： Solvent deformation and an incipient reaction[J]. The Journal of Chemical Physics，2003，119 (20)：10471-10474.

[35] JAEGER T，PILLAI E D，DUNCAN M A. Structure，coordination，and solvation of $V^+(benzene)_n$ complexes via gas phase infrared spectroscopy[J]. The Journal of Physical Chemistry A，2004，108 (32)：6605-6610.

[36] WALKER N R，WALTERS R S，DUNCAN M A. Infrared photodissociation spectroscopy of $V^+(CO_2)_n$ and $V^+(CO_2)_n Ar$ complexes[J]. The Journal of Chemical Physics，2004，120 (21)：10037-10045.

[37] WALKER N R，WALTERS R S，GRIEVES G A，et al. Growth dynamics and intracluster reactions in $Ni^+(CO_2)_n$ complexes via infrared spectroscopy[J]. The Journal of Chemical Physics，2004，121 (21)：10498-10507.

[38] WALTERS R S，DUNCAN M A. Infrared spectroscopy of solvation and isomers in $Fe^+(H_2O)_{1,2}Ar_m$ complexes[J]. Australian Journal of Chemistry，2003，57 (12)：1145-1148.

[39] WALKER N R，WALTERS R S，TSAI M K，et al. Infrared photodissociation spectroscopy of $Mg^+(H_2O)Ar_n$ complexes： isomers in progressive microsolvation[J]. The Journal of Physical Chemistry A，2005，109 (32)：7057-7067.

[40] WALTERS R S，PILLAI E D，DUNCAN M A. Solvation dynamics in $Ni^+(H_2O)_n$ clusters probed with infrared spectroscopy[J]. Journal of the American Chemical Society，2005，127 (47)：16599-16610.

[41] MAGNERA T F，DAVID D E，MICHL J. Gas-phase water and hydroxyl binding energies for monopositive first-row transition metal ions[J]. Journal of the American Chemical Society，1989，111 (11)：4100-4101.

[42] MARINELLI P J，SQUIRES R R. Sequential solvation of atomic transition-metal ions. The second solvent molecule can bind more strongly than the first[J]. Journal of the American Chemical Society，1989，111 (11)：4101-4103.

[43] CLEMMER D E，CHEN Y M，ARISTOV N，et al. Kinetic and electronic energy dependence of the reaction of V^+ with D_2O[J]. The Journal of Physical Chemistry，

1994，98 (31)：7538-7544.

[44] DALLESKA N F，HONMA K，SUNDERLIN L S，et al. Solvation of transition metal ions by water. Sequential binding energies of $M^+(H_2O)_x$ (x=1-4) for M=Ti to Cu determined by collision-induced dissociation[J]. Journal of the American Chemical Society，1994，116 (8)：3519-3528.

[45] LEARY J A，ARMENTROUT P B. Gas phase metal ion chemistry：from fundamentals to biological interactions [J]. International Journal of Mass Spectrometry，2001，204(1-3)：ix.

[46] ARMENTROUT P B. Guided ion beam studies of transition metal-ligand thermochemistry[J]. International Journal of Mass Spectrometry，2003，227 (3)：289-302.

[47] HOLLAND P M，CASTLEMAN A W. The Thermochemical properties of gas-phase transition metal ion complexes[J]. The Journal of Chemical Physics，1982，76 (8)：4195-4205.

[48] MAGNERA T F，DAVID D E，STULIK D，et al. Production of hydrated metal ions by fast ion or atom beam sputtering. Collision-induced dissociation and successive hydration energies of gaseous copper$^+$with 1-4 water molecules[J]. Journal of the American Chemical Society，1989，111 (14)：5036-5043.

[49] BAUSCHLICHER C W，LANGHOFF S R，PARTRIDGE H. The binding energies of Cu^+-$(H_2O)_n$ and Cu^+-$(NH_3)_n$ (n=1-4)[J]. The Journal of Chemical Physics，1990，94 (3)：2068-2072.

[50] CURTISS L A，JURGENS R. Nonadditivity of interaction in hydrated copper (1+) and copper (2+) clusters[J]. The Journal of Physical Chemistry，1990，94 (14)：5509-5513.

[51] CHATTARAJ P K，SCHLEYER P R. An ab initio study resulting in agreater understanding of the HSAB principle[J]. Journal of the American Chemical Society，1994，116 (3)：1067-1071.

[52] HRUSÁK J，SCHRODER D，SCHWARZ H. Theoretical prediction of the structure and the bond energy of the Gold (I) complex $Au^+(H_2O)$[J]. Chemical Physics Letters，1994，225 (4-6)：416-420.

[53] HERTWIG R H，HRUSÁK J，SCHRODER D，et al. The metal-ligand bond

strengths in cationic Gold (I) complexes. Application of approximate density functional theory[J]. Chemical Physics Letters，1995，236 (1-2)：194-200.

[54] FELLER D，GLENDENING E D，JONG W A. Structures and binding enthalpies of $M^+(H_2O)_n$ clusters (M=Cu，Ag，Au)[J]. The Journal of Chemical Physics，1999，110 (3)：1475-1491.

[55] POISSON L，PRADEL P，LEPETIT F，et al. Binding energies of first and second shell water molecules in the $Fe(H_2O)^+_2$，$Co(H_2O)^+_2$ and $Au(H_2O)^+_2$cluster ions[J]. The European Physical Journal D，2001，14 (1)：89-95.

[56] FOX B S，BEYER M K，BONDYBEY V E. Coordination chemistry of silver cations[J]. Journal of the American Chemical Society，2002，124 (45)：13613-13623.

[57] LEE E C，LEE H M，TARAKESHWAR P，et al. Structures，energies，and spectra of aqua-silver (I) complexes[J]. The Journal of Chemical Physics，2003，119 (15)：7725-7736.

[58] BURDA J V，PAVELKA M，ŽIMÁNEK M. Theoretical model of copper Cu (I)/Cu (II) hydration. DFT and ab initio quantum chemical study[J]. Journal of Molecular Structure：Theochem，2004，683 (1-3)：183-193.

[59] GOURLAOUEN C，PIQUEMAL J P，SAUE T，et al. Revisiting the geometry of $nd^{10}(n+1)s^0[M(H_2O)]^{P+}$complexes using four-component relativistic DFT calculations and scalar relativistic correlated CSOV energy decompositions ($MP^+=Cu^+$, Zn^{2+}, Ag^+, Cd^{2+}, Au^+, Hg^{2+})[J]. Journal of Computational Chemistry，2006，27 (2)：142-156.

[60] LINO T，OHASHI K，INOUE K，et al. Infrared spectroscopy of $Cu^+(H_2O)_n$ and $Ag^+(H_2O)_n$：Coordination and solvation of noble-metal ions[J]. The Journal of Chemical Physics，2007，126 (19)：194302.

[61] 唐敖庆，杨忠志，李前树.量子化学[M]. 北京：科学出版社，1982：295.

[62] LIU F L，ZHAO Y F，LI X Y，et al. Ab initio study of the structure and stability of M_2Al_2 (M=Cu，Ag，Au) clusters[J]. Australian Journal of Chemistry，2007，60 (3)：184-189.

[63] LIU F L，ZHAO Y F，LI X Y，et al. Ab initio study of the structure and stability of $MnTl_n$ (M=Cu，Ag，Au；n=1，2) clusters[J]. Journal of Molecular Structure：Theochem，2007，809：189-194.

[64] OKTAY S. Many-electron theory of atoms and molecules. Ⅱ [J]. Proceeding of the

National Academy of Sciences，1961，47(8)：1217-1226.

[65] FORESMAN J B，HEAD-GORDON M，POPLE J A，et al. Toward asystematic molecular orbital theory for excited states[J]. The Journal of Physical Chemistry，1992，96 (1)：135-149.

[66] SALTER E A，TRUCKS G W，BARTLETT R J. Analytic energy derivatives in many-body methods I. First derivatives[J]. The Journal of Chemical Physics，1989，90 (3)：1752-1766.

[67] KOTHEKAR V. Specificity and molecular mechanism of abortificient action of prostaglandins[J]. International Journal of Quantum Chemistry，1981，20 (1)：167-178.

[68] POPLE J A，HEAD G M，Raghavachari K. Quadratic configuration interaction. Ageneral technique for determining electron correlation energies[J]. The Journal of Chemical Physics，1987，87 (10)：5968-5975.

[69] KANJARAT S，VUDHICHAI P. Importance of hydrogen bonds to stabilities of copper-water complexes[J]. Chemical Physics Letters，2007，447 (1-3)：58-64.

[70] ZHANG G H，ZHAO Y F，WU J I, et al. Ab initio study of the geometry，stability，and aromaticity of the cyclic $S_2N_3^+$cation isomers and their isoelectronic analogs[J]. Inorganic Chemistry，2009，48 (14)：6773-6780.

[71] ZHANG P X，ZHAO Y F，HAO F Y，et al. Bonding analysis for NgMOH (Ng=Ar，Kr and Xe；M=Cu and Ag)[J]. Molecular Physics，2008，106 (8)：1007-1014.

[72] HAO F Y，ZHAO Y F，JING X G，et al. Geometries，vibrational frequencies，and electron affinities of X_2Cl (X=C，Si，Ge) clusters[J]. International Journal of Quantum Chemistry，2007，107 (6)：1502-1507.

[73] ZHANG G H，ZHAO Y F，HAO F Y，et al. Theoretical study on structures and stabilities of N_4X (X=O，S，Se，Te) series[J]. International Journal of Quantum Chemistry，2009，109 (2)：226-235.

[74] FRISCH M J，HEAD G M，POPLE J A. A direct MP2 gradient method[J]. Chemical Physics Letters，1990，166 (3)：275-280.

[75] FRISCH M J，HEAD G M，POPLE J A. Semi-direct algorithms for the MP2 energy and gradient[J]. Chemical Physics Letters，1990，166 (3)：281-289.

[76] HEAD G M，HEAD G T. Analytic MP2 frequencies without fifth-order storage. Theory and application to bifurcated hydrogen bonds in the water hexamer[J].

Chemical Physics Letters，1994，220 (1-2)：122-128.

[77] SAEBO S， ALMLOF J. Avoiding the integral storage bottleneck in LCAO calculations of electron correlation[J]. Chemical Physics Letters，1989，154 (1)：83-89.

[78] POPLE J A， SEEGER R， KRISHNAN R. Variational configuration interaction methods and comparison with perturbation theory[J]. International Journal of Quantum Chemistry Symposium，1977，12 (S11)：149-163.

[79] HAO F Y， ZHAO Y F， JING X G， et al. Theoretical study on structures and energetics of Ge_2P_2[J]. Journal of Molecular Structure：Theochem，2006，764 (1-3)：47-52.

[80] COESTER F，KUMMEL H. Short-range correlations in nuclear wave functions[J]. Nuclear Physics，1960，17：477-485.

[81] BECKE A D. Density-functional exchange-energy approximation with correct asymptotic behavior[J].Physical ReviewA，1988，38 (6)：3098-3100.

[82] 冯平义，王岩，廖沐真，等. 相对论效应和重原子簇的化学、光谱性质[J]. 化学通报，1998(5)：25-32.

[83] PYYKKÖ P. Relativistic effects in structural chemistry[J]. Chemical Reviews，1988，88 (3)：563-594.

[84] LEE Y S， ERMLER W C， PITZER K S. Ab initio effective core potentials including relativistic effects. I. Formalism and applications to the Xe and Au atoms[J]. The Journal of Chemical Physics，1977，67 (12)：5861-5876.

[85] KAHN L R， BAYBUTT P， TRUHLAR D G. Ab initio effective core potentials: reduction of all-electron molecular structure calculations to calculations involving only valence electrons[J]. The Journal of Chemical Physics，1976，65 (10)：3826-3853.

[86] RUNEBERG N， PYYKKÖ P. Relativistic pseudopotential calculations on Xe_2， RnXe， and Rn_2： the van der waals properties of Rn[J]. International Journal of Quantum Chemistry，1998，66 (2)：131-140.

[87] NICKLASS A， DOLG M， STOLL H， et al. Ab initio energy-adjusted pseudopotentials for the noble gases Ne through Xe：Calculation of atomic dipole and quadrupole polarizabilities[J]. The Journal of Chemical Physics，1995，102(22)：8942-8953.

[88] BRACK M. The Physics of simple metal clusters：Self consistent jJellium model

and semiclassical approaches[J]. Review of Modern Physics，1993，65 (3)：677-732.

[89] FRISCH M J，TRUCKS G W，SCHLEGEL H B，et al. Gaussian03，Revision C.02[CP].Wallingford：Gaussian，Inc，2004.

[90] INOKUCHI Y，OHSHIMO K，MISAIZU F，et al. Infrared photodissociation spectroscopy of $[Mg(H_2O)_{1-4}]^+$ and $[Mg(H_2O)_{1-4}Ar]^+$[J]. The Journal of Physical Chemistry A，2004，108 (23)：5034-5040.

[91] INOKUCHI Y，OHSHIMO K，MISAIZU F，et al. Structures of $[Mg(H_2O)_{1,2}]^+$ and $[Al(H_2O)_{1,2}]^+$ions studied by infrared photodissociation spectroscopy：Evidence of $[HO-Al-H]^+$ion core structure in $[Al(H_2O)_2]^+$[J]. Chemical Physics Letters，2004，390 (1-3)：140-144.

[92] IINO T，OHASHI K，MUNE Y，et al. Infrared photodissociation spectra and solvation structures of $Cu^+(H_2O)_n$ (n=1–4)[J]. Chemical Physics Letters，2006，427 (1-3)：24-28.

[93] IINO T，OHASHI K，INOUE K，et al. Coordination and solvation of noble metal ions：Infrared spectroscopy of $Ag^+(H_2O)_n$[J]. The European Physical Journal D，2007，43 (1-3)：37-40.

[94] CARNEGIE P D，MCCOY A B，DUNCAN M A. IR spectroscopy and theory of $Cu^+(H_2O)Ar_2$ and $Cu^+(D_2O)Ar_2$ in the O-H (O-D) stretching region：Fundamentals and combination bands[J]. The Journal of Physical Chemistry A，2009，113 (17)：4849-4854.

[95] HEHRE W J，STEWART R F，POPLE J A. Self-consistent molecular-orbital methods. I. Use of gaussian expansions of slater-type atomic orbitals[J]. The Journal of Chemical Physics，1969，51 (6)：2657-2664.

[96] COLLINS J B，SCHLEYER P R，BINKLEY J S，et al. Self-consistent molecular orbital methods. XVII. Geometries and binding energies of second-row molecules. A comparison of three basis sets[J]. The Journal of Chemical Physics，1976，64 (12)：5142-5151.

[97] GORDON M S. The isomers of silacyclopropane[J]. Chemical Physics Letters，1980，76 (1)：163-168.

[98] BLAUDEAU J P，MCGRATH M P，CURTISS L A，et al. Extension of gaussian-2 (G2) theory to molecules containing third-row atoms K and Ca[J]. The Journal of

Chemical Physics，1997，107 (13)：5016-5021.

[99] FRANCL M M，PIETRO W J，HEHRE W J，et al. Self-consistent molecular orbital methods. XXIII. A polarization-type basis set for second-row elements[J]. The Journal of Chemical Physics，1982，77 (7)：3654-3665.

[100] BINNING JR R C，CURTISS L A. Compact contracted basis sets for third-row atoms：Ga-Kr[J]. Journal of Computational Chemistry，1990，11 (10)：1206-1216.

[101] RASSOLOV V A, POPLE J A, RATNER M A, et al. 6-31G* basis set for atoms K through Zn[J]. The Journal of Chemical Physics，1998，109 (4)：1223- 1229.

[102] RASSOLOV V A，RATNER M A，POPLE J A，et al. 6-31G* basis set for third-row atoms[J]. Journal of Computational Chemistry，2001，22 (9)：976-984.

[103] HAO F Y，ZHAO Y F，LI X Y，et al. A density-functional study of nickel/aluminum microclusters[J]. Journal of Molecular Structure：Theochem，2007，807 (1-3)：153-158.

[104] 刘凤丽，赵永芳，李新营，等. MTl（M=Cu，Au，Ag）分子的势能函数与稳定性的密度泛函研究[J].化学学报，2006，64(21)：2157-2160.

[105] ZHANG P X，ZHAO Y F，SONG X D，et al. Theoretical investigation of square-planar MXe_4^{2+} (M=Cu，Ag，Au) cation[J]. Australian Journal of Chemistry，2009，62 (11)：1556-1560.

[106] ZHANG P X，ZHAO Y F，HAO F Y，et al. Bonding analysis for NgAuOH (Ng = Kr，Xe)[J]. International Journal of Quantum Chemistry，2008，108 (5)：937-944.

[107] LI X Y, ZHAO Y F, JING X G, et al. Ab initio study of Xe_nI^- (n=1-6) clusters[J]. Chemical Physics，2006，328 (1-3)：64-68.

[108] INOUE K，OHASHI K，IINO T，et al. Coordination structures of the silver ion：Infrared photodissociation spectroscopy of $Ag^+(NH_3)_n$ (n=3–8)[J]. Physical Chemistry Chemical Physics，2008，10 (21)：3052-3062.

[109] CAO X Y，DOLG M. Valence basis sets for relativistic energy-consistent small-core lanthanide pseudopotentials[J]. The Journal of Chemical Physics, 2001, 115 (16)：7348-7355.

[110] CAO X Y，DOLG M . Segmented contraction scheme for small-core lanthanide pseudopotential basis sets[J]. Journal of Molecular Structure：Theochem，2002，581 (1-3)：139-147.

[111] WOON D E, DUNNING T H. Gaussian basis sets for use in correlated molecular calculations. III. The atoms aluminum through argon[J]. The Journal of Chemical Physics, 1993, 98 (2): 1358-1371.

[112] ZHANG P X, ZHAO Y F, HAO F Y, et al. Structures and stabilities of Au^+Ar_n (n=1-6) clusters[J]. Journal of Molecular Structure: Theochem, 2009, 899 (1-3): 111-116.

[113] WILSON A, MOURIK T VAN, DUNNING T H. Gaussian basis sets for use in correlated molecular calculations. VI. Sextuple zeta correlation consistent basis sets for boron through neon[J]. Journal of Molecular Structure: Theochem, 1997, 388: 339-349.

[114]DOLG M, WEDIG U, STOLL H, et al. Energy-adjusted ab initio pseudopotentials for the first row transition elements[J]. The Journal of Chemical Physics, 1986, 86 (2): 866-872.

[115] ANDRAE D, HAEUSSERMANN U, DOLG M, et al. Energy-adjusted ab initio pseudopotentials for the second and third row transition elements[J]. Theoretica Chimica Acta, 1990, 77 (2): 123-141.

[116] SCHWERDTFEGER P, DOLG M, SCHWARZ W H E, et al. Relativistic effects in gold chemistry. I. Diatomic gold compounds[J]. The Journal of Chemical Physics, 1989, 91 (3): 1762-1774.

[117] PYYKKÖ P, RUNEBERG N, MENDIZABAL F. Theory of the d10-d10 closed-shell attraction: 1. Dimers near equilibrium[J]. Chemistry-A European Journal, 1997, 3 (9): 1451-1457.

[118] SCHRÖDER D, SCHWARZ H, SCHWARZ J, et al. Cationic gold(I) complexes of xenon and of ligands containing the donor atoms oxygen, nitrogen, phosphorus, and sulfu[J]. Inorganic Chemistry, 1998, 37 (4): 624-632.

[119] POISSON L, LEPETIT F, MESTDAGH J M, et al. Multifragmentation of the $Au(H_2O)_{n\leq10}^+$ cluster ions by collision with helium[J]. The Journal of Physical Chemistry A, 2002, 106 (22): 5455-5462.

[120] HEAD-GORDONM, HEAD-GORDON T. Analytic MP2 frequencies without fifth order storage. Theory and application to bifurcated hydrogen bonds in the water hexamer[J]. Chemical Physics Letters, 1994, 220 (1-2): 122-128.

[121] BOYS S F, BERNARDI F. The calculation of small molecular interactions by the

differences of separate total energies. Some procedures with reduced errors[J]. Molecular Physics, 1970, 19 (4): 553-566.

[122] WOON D E. Benchmark calculations with correlated molecular wave functions. V. The determination of accurate ab initio intermolecular potentials for He₂, Ne₂ and Ar₂[J]. The Journal of Chemical Physics, 1994, 100 (4): 2838-2850.

[123] LI Z R, TAO F M, PAN Y K. Calculation of bond dissociation energies of diatomic molecules using bond function basis sets with counterpoise corrections[J]. International Journal of Quantum Chemistry, 1996, 57 (2): 207-212.

[124] TAO F M, LI Z R, PAN Y K. An accurate ab initio potential energy surface of He···H₂O[J]. Chemical Physics Letters, 1996, 255 (1-3): 179-186.

[125] LEE H M, MIN S K, LEE E C, et al. Hydrated copper and gold monovalent cations: Ab initio study[J]. The Journal of Chemical Physics, 2005, 122 (6): 64314.

[126] PUGH L A, RAO K N. Spectrum of Water Vapor in the 1.9 and 2.7μ Regions[J]. Journal of Molecular Spectroscopy, 1973, 47 (3): 403-408.

[127] ROSI M, BAUSCHLICHER C W. The binding energies of one and two water molecules to the first transition-row metal positive ions[J]. The Journal of Chemical Physics, 1989, 92 (3): 7264-7272.

[128] ROSI M, BAUSCHLICHER C W. The binding energies of one and two water molecules to the first transition-row metal positive ions. II [J]. The Journal of Chemical Physics, 1990, 92 (3): 1876-1878.

[129] CARNEGIE P D, BANDYOPADYAY B, DUNCAN M A. Infrared spectroscopy of Cr⁺(H₂O) and Cr²⁺(H₂O): The role of charge in cation hydration[J]. The Journal of Physical Chemistry A, 2008, 112 (28): 6237-6243.

[130] O'BRIEN J T, WILLIAMS E R. Hydration of gaseous copper dications probed by IR action spectroscopy[J]. The Journal of Physical Chemistry A, 2008, 112 (26): 5893-5901.

[131] ADAMO C, LELJ F. A density functional study of bonding nickel atoms of water to copper and nickel atoms[J]. Journal of Molecular Structure: Theochem, 1997, 389 (1-2): 83-89.

[132] CURTISS L A, BIERWAGEN E. Bonding of a water molecule to a copper atom[J]. Chemical Physics Letters, 1991, 176 (5): 417-422.

[133] TAYLOR M S, BARBERA J, SCHULZ C P, et al. Femtosecond dynamics of Cu(H$_2$O)$_2$ [J]. The Journal of Chemical Physics, 2005, 122 (5): 054310.

[134] SAUER J, HABERLANDT H, PACCHIONIT G. Bondlng of water ligands to copper and nickel atoms: Crucial role of intermolecular electron correlation[J]. The Journal of Physical Chemistry, 1986, 90 (14): 3051-3052.

[135] PÁPAI I. Theoretical study of the Cu(H$_2$O) and Cu(NH$_3$) complexes and their photolysis products[J]. The Journal of Chemical Physics, 1995, 103 (5): 1860-1870.

[136] WU D Y, DUAN S, LIU X M, et al. Theoretical study of binding interactions and vibrational raman spectra of water in hydrogen-bonded anionic complexes: (H$_2$O)$_n^-$ (n=2, 3), H$_2$O$\cdots$X$^-$(X=F, Cl, Br, and I), and H$_2$O$\cdots$M$^-$(M=Cu, Ag, and Au)[J]. The Journal of Physical Chemistry A, 2008, 112(6): 1313-1321.

[137] ZHAN C G, IWATA S. Ab initio studies on the structures and vertical electron detachment energies of copper-water negative ion clusters Cu$^-$(H$_2$O)$_n$ and CuOH$^-$ (H$_2$O)$_{n-1}$[J]. Chemical Physics Letters, 1995, 232 (1-2): 72-78.

[138] TAYLOR M S, MUNTEAN F, LINEBERGER W C, et al. A theoretical and computational study of the anion, neutral, and cation Cu(H$_2$O) complexes[J]. The Journal of Chemical Physics, 2004, 121(12): 5688-5699.

[139] MUNTEAN F, TAYLOR M S, MCCOY A B, et al. Femtosecond study of Cu(H$_2$O) dynamics[J]. The Journal of Chemical Physics, 2004, 121 (12): 5676-5687.

[140] HOY A R, BUNKER P R. The effective rotation-bending hamiltonian of a triatomic molecule, and its application to extreme centrifugal distortion in the water molecule[J]. Journal of Molecular Spectroscopy, 1974, 52(3): 439-456.

[141] KAUFFMAN J W, HAUGE R H, MARGRAVE J L. Studies of reactions of atomic and diatomic chromium, manganese, iron, cobalt, nickel, copper, and zinc with molecular water at 15 K[J]. The Journal of Physical Chemistry, 1985, 89 (16): 3541-3547.

[142] THIELED J. Metal-regulatedtranscription in eukaryotes[J]. Nucleic Acids Ressearch, 1992, 20(6): 1183-1191.

[143] ZHOUP, THIELED J. Isolation of a metal-activated transcription factor gene from Candida glabrata by complementation in Saccharomyces cerevisiae[J]. Proceedings of the NationalAcademy of Science of the United States of America, 1991,

88(14)：6112-6116.

[144] FERNANDESJC，HENRIQUES FS.Biochemical，physiological，and structural effects of excess copper in plants[J]. Botanical Review，1991，57：246-273.

[145] MALLICK N，MOHNF H. Use of chlorophyll fluorescence in metal-stress research：Acase study with the green microalga Scenedesmus[J]. Ecotoxicology and Environmental Safety，2003，55(1)：64-69.

[146]PERALES-VELAH V，GONZáLEZ-MORENOS，MONTES-HORCASITASC，et al. Growth，photosynthetic and respiratory responses to sub-lethal copper concentrations in Scenedesmus incrassatulus (Chlorophyceae)[J]. Chemosphere，2007，67(11)：2274-2281.

[147] BARNHAMK J，MASTERSC L，BUSHA I.Neurodegenerative diseases and oxidative stress[J]. Nature Reviews Drug Discovery，2004，3(3)：205-214.

[148] WAGGONER D J，BARTNIKAST B，GITLIN J D. The role of copper in neurodegenerative disease[J]. Neurobiology Disease，1999，6(4)：221-230.

[149] BREWER G I. Iron and copper toxicity in diseases of aging，particularly atherosclerosis and Alzheimer's disease[J]. Experimental Biology and Medicine，2007，232(2)：323.

[150] ZENG L，MILLER E W，PRALLE A，et al. Aselective turn-on fluorescent sensor for imaging copper in living cells[J]. Journal of the American Chemical Society，2006，128(1)：10-11.

[151] RANKP F，BENFATTO M，SZILAGYIR K，et al. The solution structure of $[Cu(aq)]^{2+}$ and its implications for rack-induced bonding in blue copper protein active sites[J]. Inorganic Chemistry，2005，44(6)：1922-1933.

[152] WAGGONER D J，BARTNIKAS T B，GITLINJ D.The role of copper in neurodegenerative disease[J]. Neurobiology Disease，1999，6(4)：221-230.

[153] SHVARTSBURG A A，MICHAEL SIU K W. Is there aminimum size for aqueous doubly charged metal cations?[J].Journal of the American Chemical Society，2001，123(41)：10071-10075.

[154] BERNASCONIL, BLUMBERGERJ, SPRIK M, et al. Density functional calculation of the electronic absorption spectrum of Cu^+ and Ag^+aqua ions[J]. The Journal of Chemical Physics，2004，121(23)：11885-11899..

[155] MARCOS E S，PAPPALARDOR R，BARTHELATJ C，et al. Theoretical suggestion for the aquazinc(2+) formation[J]. Journal of Physical Chemistry，1992，96(2)：516-518.

[156]POWELL D H，HELML，MERBACH A E. Oxygen-17 nuclear magnetic resonance in aqueous solutions of copper(2+)：the combined effect of Jahn-Teller inversion and solvent exchange on relaxation rates[J].The Journal of Chemical Physics，1991，95 (12)：9258-9265.

[157] SALMONP S，TOTH E，HELM L，et al. Firstsolvation shell of the Cu(II) aqua ion：Evidence for fivefoldcoordination[J]. Science，2001，291：856-859.

[158] SchrÖder D，Schwarz H，Wu J L，et al. Long-lived dications ofCu$(H_2O)^{2+}$and Cu$(NH_3)^{2+}$ do exist! [J].Chemical Physics Letters，2001，343 (3–4)：258-264.

[159]STONE J A，VUKOMANOVICD. Experiment proves that the ions [Cu$(H_2O)_n$]$^{2+}$ (n=1，2) are stable in the gas phase[J].Chemical Physics Letters，2001，346 (5–6)：419-422.

[160]STACEA J，WALKER N R，FIRTH S. [Cu·$(H_2O)_n$]$^{2+}$clusters：The first evidence of aqueous Cu(II) in the gas phase[J].JournaloftheAmericanChemicalSociety，1997，119(42)：10239-10240.

[161]EL-NAHAS A M. Thermochemically stable M^{2+}OH$_2$complexes in the gas phase：M=Mn，Fe，Co，Ni，and Cu[J].Chemical Physics Letters，2001，345 (3)：325-330.

[162]EL-NAHASA M. Do Cu^{2+}NH$_3$ and Cu^{2+}H$_2$O exist? [J].Chemical Physics Letters，2000，318(4-5)：333-339.

[163]STACE A J，WALKERN R，WRIGHTR. R，et al.Comment on "Do Cu^{2+}NH$_3$ and Cu^{2+}H$_2$O exist?：theory confirms yes!" [J]. Chemical Physics Letters，2000，329(1-2)：173-175.

[164] IRIGORASA，ELIZALDE O，SILANES I，et al. Reactivity of Co$^+$(3F，5F)，Ni$^+$(2D，4F)，and Cu$^+$(1S，3D)：Reaction of Co$^+$，Ni$^+$，and Cu$^+$ with water[J].Journal of the American Chemical Society，2000，122 (1)：891-900.

[165] O'BRIENJ T，WILLIAMSER.Hydration of gaseous copper dications probed by IR action spectroscopy[J].Journal of the American Chemical Society，2008，112 (26)：5893-5901.

[166]SCHWENKC F，RODEB M.Influence of electron correlation effects on the

solvation of Cu^{2+}[J].Journal of the American Chemical Society，2004，126 (40)：12786-12787.

[167]BERCES A，NUKADAT，MARGL P，et al.Solvation of Cu^{2+} in water and ammonia.insight from static and dynamical density functional theory[J].Journal of the American Chemical Society，1999，103 (48)：9693-9701.

[168]BLUMBERGER J，BERNASCONI L，TAVERNELLI I，et al. Electronic structure and solvation of copper and silver ions：A theoretical picture of a model aqueous redox reaction[J].Journal of the American Chemical Society，2004，126 (12)：3928-3938.

[169]CARNEGIEP D，BANDYOPADHYAYB，DUNCAN M A. Infrared spectroscopy of $Sc^{+}(H_2O)$and $Sc^{2+}(H_2O)$ via argon complex predissociation：The charge dependence of cation hydration[J].The Journal of chemical physics，2011，134 (1)：014302.

[170]CARNEGIEPD，BANDYOPADHYAYB，DUNCANM A. Infrared spectroscopy ofMn$^{+}(H_2O)$and $Mn^{2+}(H_2O)$ via argon complex predissociation[J].Journal of the American Chemical Society，2011，115 (26)：7602-7609.

[171]BANDYOPADHYAYB，DUNCAN MA. Infrared spectroscopy of $V^{2+}(H_2O)$ complexes[J].Chemical Physics Letters，2012，530 (1)：10-15.

[172] RAQUELR-F，MARIONAS，LUISR-S，et al. The role of exact exchange in the description of Cu^{2+}-$(H_2O)_n$ (n=1-6) complexes by means of DFT methods[J]. Journal of the American Chemical Society，2010，114 (40)：10857-10863.

[173] POATER J，SOLAM，RIMOLA A，et al. Ground and low-lying statesof Cu^{2+}-H_2O. A difficult case for density functional methods[J]. Journal of the American Chemical Society，2004，108(28)：6072-6078.

[174] ZHENGW R，CHENZ C，XUW X. DFT study on homolytic dissociation enthalpies of C-I bonds[J].Chinese Journal of Chemical Physics，2013，26 (5)：541-548.

[175] LIX Y. Interaction between coinage metal cations M(II) and Xe：CCSD(T) study of MXe$_n^{2+}$(M=Cu，Ag，and Au；n=1-6)[J].The Journal of chemical physics，2012，137 (12)：124301.